REAL SIZE

古生物のサイズが実感できる！

リアルサイズ古生物図鑑 中生代編

土屋 健 著
群馬県立自然史博物館 監修

技術評論社

はじめに。そして、この本の楽しみ方

　「数字」ではなく、「感覚的」にサイズを伝えたい。この「リアルサイズ古生物図鑑シリーズ」は、そんな思いで始まりました。さまざまな時代のさまざまな古生物を、現代の（身近な）風景に配置して、みなさんにサイズ感を楽しんでいただくことを目的としています。

　本書は、2018年7月に刊行された「古生代編」に続く2巻目です。ただし、「2巻目」とはいっても、各巻は独立した内容になっております。たとえば「恐竜がやっぱり気になる！」という方はぜひ、本書からお手に取られても大丈夫。ご安心ください。本書だけでも十分楽しめる仕様をめざしました。一方で、「生命史を通じて、サイズ感の変遷を楽しみたい」という方は「古生代編」もあわせてお楽しみいただくことをおすすめします。より長い時間をみていくことで、生命史を通じて古生物たちのサイズ感がどのように変化してきたのかがみえてくると思います。

　さて、「中生代編」です。

　中生代……すなわち、「恐竜時代」です。本書にも多くの恐竜が登場します。「やっぱり恐竜はデカイな」「え、こんなサイズの恐竜もいたの？」など、そのサイズ感をご堪能いただければと思います。……とはいえ、「恐竜のサイズ感なんて、博物館や企画展、映画でもう知っているぜ」という読者のみなさんも多いかと思います。そんな皆様も、どうかご安心ください。もちろん、収録している古生物は、恐竜だけではありません。翼竜類、魚竜類、クビナガリュウ類、モササウルス類などの"鉄板の爬虫類"はもちろんのこと、ワニとワニの仲間である偽鰐類、アンモナイト類、そして哺乳類なども出演しております。多様な古生物を出演させた結果……古生代編よりも48ページのボリュームアップとなりました。ぜひ、ご堪能くださいませ。

　本シリーズは、前巻の「古生代編」に引き続き、筆者の"古生物の黒い本"シリーズでお世話になりました群馬県立自然史博物館のみなさまにご監修いただいております。今回もお忙しい中、本当にありがとうございま

した。イラストは、服部雅人さんの作品。デザインは、"古生物の黒い本"シリーズのWSB inc.横山明彦氏、編集は技術評論社の大倉誠二氏です。

　中生代編も、何よりも現代の景色に紛れ込んだ古生物のサイズ感をお楽しみください。

　ただし、古生物のサイズは化石とその分析によるもので、現実の話としては資料によって差があります。本書では、そうした資料の中で「代表的なサイズ」とみられるものを採用しました。もっとも生物ですので、そもそも「個体差」というものがありますから、厳密な意味での"サイズ資料"ではありません。あくまでもサイズ「感」をシンプルにお楽しみいただければという本が本書です。気軽にお楽しみいただくために、解説原稿も多少（？）"遊んで"おります。また、合計118点におよぶ"現代シーン・イラスト"のうち30点には、メインとなる古生物のほかに、他のページの古生物が「等縮尺で」紛れ込んでいます。どんな古生物がどこに紛れ込んだのか。ぜひ、前後のページと比較しながら、古生物間の比較もお楽しみください。

　なお、全編を通じて古生物を現代の形式に紛れ込ませるにあたり、水棲・陸棲などのさまざまな制約を取り払っています。たとえば、実際には水棲の古生物でも、陸上の景色に居座っていますので、ご注意ください。なお、正しい生態に関しては、「○○○紀の海」といった具合の（シンプルに）生態のわかるシーンイラストを用意しましたので、そちらを参考にしてください。

　古生物のサイズ感を気軽に把握できるシリーズの第2巻。今回もゆるっとお楽しみください。

　本書を手にとっていただいたあなたに大感謝。
　楽しい時間をおすごしください。

2019年6月

土屋 健

Contents

三畳紀　*Triassic period*

リストロサウルス	*Lystrosaurus murrayi*	8
トリアドバトラクス	*Triadobatrachus massinoti*	10
ウタツサウルス	*Utatsusaurus hataii*	12
タラットアルコン	*Thalattoarchon saurophagis*	14
プラコダス	*Placodus gigas*	16
キアモダス	*Cyamodus hildegardis*	18
アトポデンタトゥス	*Atopodentatus unicus*	20
アリゾナサウルス	*Arizonasaurus babbitti*	22
シリンガサウルス	*Shringasaurus indicus*	24
エレトモルヒピス	*Eretmorhipis carrolldongi*	26
タニストロフェウス	*Tanystropheus longobardicus*	28
ケイチョウサウルス	*Keichousaurus hui*	30
ノトサウルス	*Nothosaurus giganteus*	32
ユングイサウルス	*Yunguisaurus liae*	34
ゲロットラクス	*Gerrothorax pulcherrimus*	36
シャロヴィプテリクス	*Sharovipteryx mirabilis*	38
パッポケリス	*Pappochelys rosinae*	40
マストドンサウルス	*Mastodonsaurus giganteus*	42
ヘノダス	*Henodus chelyops*	44
エオリンコケリス	*Eorhynchochelys sinensis*	46
オドントケリス	*Odontochelys semitestacea*	48
サウロスクス	*Saurosuchus galilei*	50
デスマトスクス	*Desmatosuchus spurensis*	52
ショニサウルス	*Shonisaurus sikanniensis*	54
プロガノケリス	*Proganochelys quenstedti*	56
エウディモルフォドン	*Eudimorphodon ranzii*	58
エオラプトル	*Eoraptor lunensis*	60
エオドロマエウス	*Eodromaeus murphi*	60
コエロフィシス	*Coelophysis bauri*	62
ヘルレラサウルス	*Herrerasaurus ischigualastensis*	64
フレングエリサウルス	*Frenguellisaurus ischigualastensis*	66
ファソラスクス	*Fasolasuchus tenax*	68
レッセムサウルス	*Lessemsaurus sauropoides*	70
リソウイキア	*Lisowicia bojani*	72
クエネオスクス	*Kuehneosuchus latissimus*	74

ジュラ紀　*Jurassic period*

プロトスクス	*Protosuchus richardsoni*	78
モルガヌコドン	*Morganucodon watsoni*	80
ダーウィノプテルス	*Darwinopterus modularis*	82
オフタルモサウルス	*Ophthalmosaurus icenicus*	84
メトリオリンクス	*Metriorhynchus superciliosus*	86
グアンロン	*Guanlong wucaii*	88
カストロカウダ	*Castorocauda lutrasimilis*	90
ヴォラティコテリウム	*Volaticotherium antiquum*	92
ステゴサウルス	*Stegosaurus stenops*	94
剣竜類たち	Stegosauria + α	96
・スクテロサウルス	*Scutellosaurus lowlwri*	
・スケリドサウルス	*Scelidosaurus harrisonii*	
・フアヤンゴサウルス	*Huayangosaurus taibaii*	
・トゥジャンゴサウルス	*Tuojiangosaurus multispinus*	
・ステゴサウルス	*Stegosaurus stenops*	
リードシクティス	*Leedsichthys problematicus*	100
シンラプトル	*Sinraptor dongi*	102
マメンキサウルス	*Mamenchisaurus sinocanadorum*	104
エウロパサウルス	*Europasaurus holgeri*	106
フルイタフォッソル	*Fruitafossor windscheffeli*	108
アパトサウルス	*Apatosaurus excelsus*	110
カマラサウルス	*Camarasaurus lentus*	112
アロサウルス	*Allosaurus fragilis*	114
アルカエオプテリクス	*Archaeopteryx lithographica*	116
ランフォリンクス	*Rhamphorhynchus muensteri*	118
クテノチャスマ	*Ctenochasma elegans*	120

ギラファッティタン	*Giraffatitan brauncai*	122
プリオサウルス	*Pliosaurus funkei*	124
ディプロドクス	*Diplodocus carnegii*	126

白亜紀　前期　*Early Cretaceous period*

ディロング	*Dilong paradoxus*	130
エオマイア	*Eomaia scansoria*	132
カガナイアス	*Kaganaias hakusanensis*	134
サルコスクス	*Sarcosuchus imperator*	136
キカデオイデア	*Cycadeoidea*	138
アマルガサウルス	*Amargasaurus cazaui*	140
シノサウロプテリクス	*Sinosauropteryx prima*	142
ミクロラプトル	*Microraptor gui*	144
ユティランヌス	*Yutyrannus huali*	146
レペノマムス	*Repenomamus gigantius*	148
ツパンダクティルス	*Tupandactylus imperator*	150
フクイサウルス	*Fukuisaurus tetoriensis*	152
フクイラプトル	*Fukuiraptor kitadaniensis*	154
タンバティタニス	*Tambatitanis amicitiae*	156
デイノニクス	*Deinonychus antirrhopus*	158
パタゴティタン	*Patagotitan mayorum*	160

白亜紀　後期　　Late Cretaceous period

ナジャシュ	Najash rionegrina	164
ギガノトサウルス	Giganotosaurus carolinii	166
スピノサウルス	Spinosaurus aegyptiacus	168
クレトキシリナ	Cretoxyrhina mantelli	170
プラテカルプス	Platecarpus tympaniticus	172
ユーボストリコセラス	Eubostrychoceras japonicum	174
ニッポニテス	Nipponites mirabilis	176
ウインタクリヌス	Uintacrinus socialis	178
ニクトサウルス	Nyctosaurus gracilis	180
フタバサウルス	Futabasaurus suzukii	182
シファクチヌス	Xiphactinus audax	184
ハボロテウティス	Haboroteuthis poseidon	186
ヘスペロルニス	Hesperornis regalis	188
プテラノドン	Pteranodon longiceps	190
ヴェロキラプトル	Velociraptor mongoliensis	192
プロトケラトプス	Protoceratops andrewsi	194
オヴィラプトル	Oviraptor philoceratops	196
アーケロン	Archelon ischyros	198
ライスロナクス	Lythronax argestes	200
パラサウロロフス	Parasaurolophus walkeri	202
デイノスクス	Deinosuchus riograndensis	204
チャンプソサウルス	Champsosaurus natator	206
サイカニア	Saichania chulsanensis	208
デイノケイルス	Deinocheirus mirificus	210
ガリミムス	Gallimimus bullatus	212
テリジノサウルス	Therizinosaurus cheloniformis	214
タルボサウルス	Tarbosaurus bataar	216
ナナイモテウティス	Nanaimoteuthis hikidai	218
ディディモケラス	Didymoceras stevensoni	220
プラヴィトケラス	Pravitoceras sigmoidale	222
むかわ竜	MUKAWA RYU	224
フォスフォロサウルス	Phosphorosaurus ponpetelegans	226
エドモントニア	Edmontonia longiceps	228
エドモントサウルス	Edmontosaurus regalis	230
アルバートサウルス	Albertosaurus sarcophagus	232
ベールゼブフォ	Beelzebufo ampinga	234
ケツァルコアトルス	Quetzalcoatlus northropi	236
モササウルス	Mosasaurus hoffmanni	238
アンキロサウルス	Ankylosaurus magniventris	240
オルニトミムス	Ornithomimus velox	242
パキケファロサウルス	Pachycephalosaurus wyomingensis	244
トリケラトプス	Triceratops prorsus	246
ティランノサウルス	Tyrannosaurus rex	248
ティランノサウルス類大集合　Tyrannosauroidea		250
・グアンロン	Guanlong wucaii	
・ディロング	Dilong paradoxus	
・ユティランヌス	Yutyrannus huali	
・ライスロナクス	Lythronax argestes	
・アルバートサウルス	Albertosaurus sarcophagus	
・タルボサウルス	Tarbosaurus bataar	
・ティランノサウルス	Tyrannosaurus rex	

もっと詳しく知りたい読者のための参考資料　　252
索引　　254

三畳紀 *Triassic period*

「中生代」といえば、「恐竜の時代」としてよく知られています。しかし実際に、"みなさんが見慣れている迫力の恐竜たち"がたくさん現れるのは、中生代2番目の時代であるジュラ紀になってから。中生代最初の時代である三畳紀には、まださほど恐竜は多くはありませんし、大きくもありません。

三畳紀が始まる直前に、史上最大・空前絶後の大量絶滅事件が発生しました。三畳紀の生態系はその大量絶滅事件から回復する形で築かれていきます。回復の程度を推し量る目安は、大型の捕食者……いわゆる「トップ・プレデター」の登場です。大量絶滅事件後、どのようなトップ・プレデターが出現したのか。それは、三畳紀の動物たちの見所の一つとなっています。

また、大量絶滅事件前では単弓類と呼ばれるグループが陸地を席巻していました。大量絶滅後に単弓類がどのようになったのか。本書全編を通じての彼らの「サイズの変遷」にも注目してみてください。

三畳紀の陸

分類	単弓類 獣弓類
産出地	南アフリカ、インド
全長	1m前後

三畳紀
約2億5200万年前～約2億100万年前

正面　側面

　よい天気だ。こういう日は、外でゆっくり昼寝といきたい。音楽を聴きながら休んでいると、のっそりとリストロサウルス・ムッライイ（*Lystrosaurus murrayi*）がやってきた。そして日当たりのよいところで、うとうと寝始める。
　ずんぐりむっくりとしたからだ。短い四肢、寸詰まりの吻部。長い犬歯をもってはいるけれども、その犬歯には鋭さがない。どことなく愛嬌を感じさせる動物だ。
　現実世界では、リストロサウルスは多くの"意味"をもつ重要種として名をはせる。
　たとえば、その化石の産地である。リストロサウルスの名前（属名）をもつ動物は複数種報告されているけれども、その中の一つであるリストロサウルス・ムッライイに限っても、その化石は南アフリカとインドという随分と離れた地域からみつかっている。リストロサウルス属全体では、南極大陸や中国、ロシアなどからも化石が発見されている。
　この広範囲な分布は、かつてこれらの大陸が地続きだったことを物語っている（どう見ても、リストロサウルスが長距離を遊泳して各大陸へ渡ったとは考えられない）。この地続きの大陸は「超大陸パンゲア」と呼ばれる。つまり、リストロサウルスは、超大陸パンゲアの存在を示す"証人"と考えた方がよいのだ。
　また、リストロサウルス属は、古生代ペルム紀末に起きた史上最大の大量絶滅事件を乗り越えている。どうして乗り越えられたのかは、わかっていない。

三畳紀の水辺

分類	両生類 無尾類
産出地	マダガスカル
全長	11cm

三畳紀
約2億5200万年前〜約2億100万年前

上面　正面　側面

ネコと睨み合いをしているカエルがいる。
　……カエルだ。……カエルにちがいない。大きさはウシガエルほどだけれど……。
　でも……どこかちがう！
　そのちがいに気づかれるだろうか？
　ネコと一緒に、じっくりとこのカエルをご覧いただきたい。
　ちがいは、二つある。
　ちがいの一つ目は、後ろ脚だ。一般的なカエルは、前脚と比べると後ろ脚がかなり長い。その長い後ろ脚を使って、ぴょんぴょんと飛び跳ねるわけだ。しかしこのカエルの後ろ脚の長さは、前脚とさほどちがいがない。
　そして、よく見ると、小さな尾があることに気づかれるだろう。これが二つ目のちがいだ。一般的なカエルは、尾がない。そのために、カエルの仲間たちのことを「無尾類」という。しかしこのカエルには小さいけれど、たしかに尾があるのだ。
　これは本当にカエル？
　もちろん、カエルである。このカエルの名前をトリアドバトラクス・マッシノティ（*Triadobatrachus massinoti*）という。"史実"においては、三畳紀初頭に出現した。知られている限り、「最も古いカエル」だ。
　すなわち、初期のカエルは後ろ脚が短くて、小さいながらも尾があった。現生のカエルのように跳ね回ることはできなかったようだ。

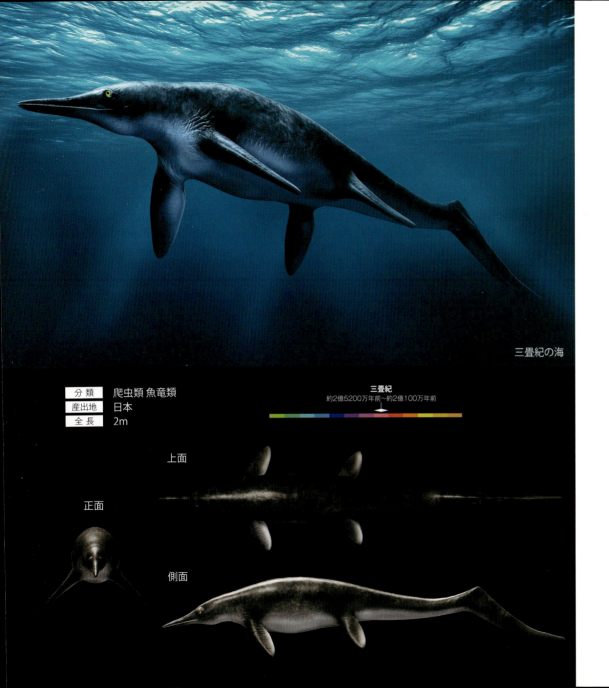

三畳紀の海

分類	爬虫類 魚竜類
産出地	日本
全長	2m

三畳紀
約2億5200万年前～約2億100万年前

上面
正面
側面

　少女が全身を預けている動物はイルカ……ではない。これは、ウタツサウルス・ハタイイ（*Utatsusaurus hataii*）だ。
　ウタツサウルスは魚竜類の一種。魚竜類は「竜」という文字をもつけれども、恐竜類とはまったく別の動物群。進化が進んだ魚竜類（たとえば、84ページのオフタルモサウルス）の見た目は、かなりイルカと似る。イルカは私たちと同じ哺乳類だから、爬虫類である魚竜類とは恐竜類以上にまったく別の動物グループである。それにもかかわらず、進化の結果として、別の動物グループの姿が似ることがある。この現象を「収斂進化」と呼ぶ。
　さて、ウタツサウルスは宮城県南三陸町の旧歌津町から化石がみつかったことで知られる。ウタツサウルスの「ウタツ」はもちろん「歌津」。「歌津魚竜」という和名もある。
　ウタツサウルスの化石がみつかった地層は、中生代三畳紀初頭の約２億4800万年前のものだった。
　"史実"においては、三畳紀の一つ前の地質時代にあたる古生代ペルム紀末に史上最大といわれる大量絶滅事件が勃発し、とくに海洋においては多くの動物群が滅んだ。その滅びから生態系が回復するなかで出現した大型海棲動物の一つが魚竜類。そして、ウタツサウルスはその中でも最初期の種である。
　最初期の魚竜類は、からだは細長く、尾も未発達で、ウナギのように泳いだと考えられている。

Thalattoarchon saurophagis
【タラットアルコン】

分類	爬虫類 魚竜類
産出地	アメリカ
全長	8.6m

三畳紀
約2億5200万年前〜約2億100万年前

側面

正面

三畳紀の海

　沈没船を調べていると、見慣れぬ動物が泳いできた。鋭く大きな牙、がっしりとした顎、流線型のからだ……魚にしてはどこか変だ。でも、ゆっくりと観察している時間はない。見るからに、トップ・プレデターの面構え。今のところ襲ってくる気配はないものの、ここは刺激しないようにしながら、船上へと退避した方がよいだろう。
　襲来した動物は、タラットアルコン・サウロファギス（Thalattoarchon saurophagis）。魚竜類である。

　"史実"における魚竜類は、中生代に登場し、繁栄し、そして滅んだ「三大海棲爬虫類」の一つ（残りはクビナガリュウ類とモササウルス類）。3グループの中で最も早い時期に出現し、中生代末の大量絶滅事件を待たずに滅んだ。
　タラットアルコンの化石は、約2億4500万年前という三畳紀初頭の地層からみつかった。この「約2億4500万年前」という年代には大きな意味がある。三畳紀の前の時代にあたる古生代ペルム紀末に空前絶後の大量絶滅事件が勃発し、海洋生態系は壊滅的なダメージを受けた。それが約2億5200万年前のこと。それから700万年たらずで、タラットアルコンのようなトップ・プレデターが出現したことになる。トップ・プレデターの登場は、生態系の完全な回復を示唆しているといわれている。つまり、史上最大の大量絶滅事件であっても、700万年あれば生態系が回復したことになる（長いとみるか、短いとみるかは議論があるけれど）。

分 類	爬虫類 板歯類
産出地	ドイツ、ポーランド、イタリア
全 長	1.5m

三畳紀
約2億5200万年前〜約2億100万年前

側面

正面

三畳紀の海

　南国のビーチでバカンスを楽しんでいると、何やら変わった動物がのっそりとやってきた。襲いかかってくるそぶりをみせないので、まあ、問題ないだろうと決めつけて、引き続き心地よい夏の陽射しを楽しむことにする。

　女性は完全に安心しきっているようだけれども、はたしてこの動物は本当に「安全」なのだろうか？

　何やらやたらとでっぷりとした胴体をもち、口では前歯が随分と突出している。いったい何者なのか？

　この動物、その名前を、プラコダス・ギガス（Placodus gigas）という。

　安心しきっている女性は知識があるのだろう。その対応は正解だ。プラコダスはいわゆる「肉食性の狩人」ではない。貝類などを主食としていたとみられている。突出した前歯は、海底の貝殻などをついばむことに向いている。また、このアングルでは確認することが難しいが、口の奥にはつぶれた饅頭のように平たい歯があり、貝殻などを砕くことに向いていた（食性に関しては他の説もある）。また、長い尾も特徴の一つであり、水中における推進力は、この尾が生み出していたとみられている。

　プラコダスは板歯類というグループに属し、その代表種だ。特徴は口の奥にある平たい歯。"史実"において板歯類は、三畳紀半ばの地中海に登場した。グループとしては一定の繁栄を勝ち得たようで、複数種の化石がヨーロッパから報告されている。

17

分類	爬虫類 板歯類
産出地	スイス、イタリア
全長	1m前後

三畳紀
約2億5200万年前～約2億100万年前

上面

側面

正面

三畳紀の海

　ちゃぶ台。それを囲む座布団。もちろんご飯はお櫃の中……懐かしき昭和の景色だ。
　ん？　昭和の景色？
　ごく自然に溶け込んでいるので、見逃すところだった。座布団の上に何かいる！
　平たいからだは……これは甲羅だろうか？　甲羅ならば、カメの仲間？
　いやいや、これはキアモダス・ヒルデガルディス（Cyamodus hildegardis）。カメの仲間ではない。16ページで紹介したプラコダス、44ページで紹介するヘノダスと同じ板歯類に属する動物である。
　キアモダスは平たい甲羅をもつ動物だ。そして……気づかれただろうか？　甲羅が前後の2枚に分かれている。胴部と腰部。それぞれに甲羅が発達しているのだ。
　それこそカメ類をはじめ、古今東西のさまざまな動物が、甲羅もしくはそれに類似する構造をもっている。しかし、前後2枚の甲羅をもつという種は、かなり珍しい。

　さて、このキアモダス。いったい、どこから紛れ込んだのだろうか？　夕食の気配に引かれてやってきたのだろうか？　味噌汁にワカメでもあれば……と思ったけれど、どうやら味噌汁だけではなく、今夜の食卓にワカメはないらしい。
　「ちょっと待ってて。今、厨房で何かもらってきてあげるから」

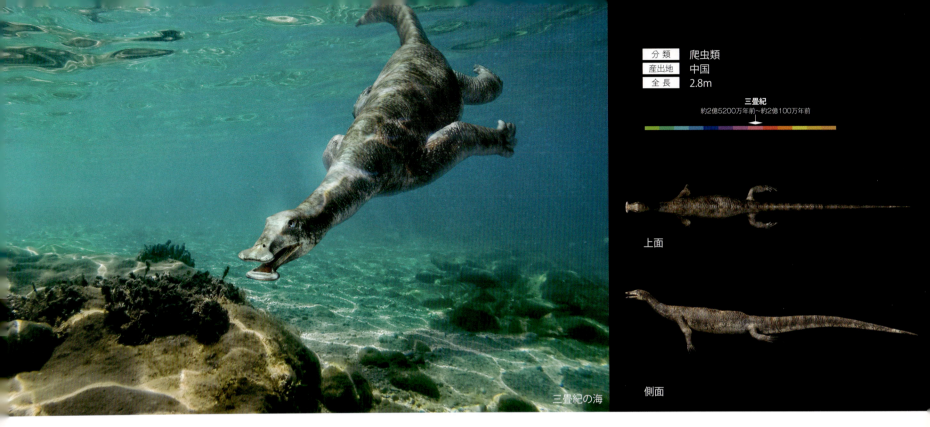

分類	爬虫類
産出地	中国
全長	2.8m

三畳紀
約2億5200万年前～約2億100万年前

上面

側面

三畳紀の海

　ペットを飼っている、あるいは、飼ったことがある人ならば、その餌を床にぶちまけてしまったことが数回はあるはずだ。その途端にペットのテンションは否が応でも高まり、あなたがその餌を回収する前に、少しでも口に入れようとする。回収が早いか、ペットが食する方が早いか。その勝負の分かれ目には、ペットの空腹具合、それまでの躾などさまざまな要因が絡む。

　この家庭でも、先ほど子供がペットの餌である植物ペレットの袋をぶちまけてしまった。床一面に広がるペレットを回収するのに母親がとった手段は、掃除機という文明の利器の投入だ。この家のペットであるアトポデンタトゥス・ユニクス（*Atopodentatus unicus*）は、目の前で掃除機に吸い取られる自らの餌を、名残惜しそうに見ている。数粒を食べたところで、母に叱られてしまい、今はただ見るのみだ……。

　"史実"におけるアトポデンタトゥスは、中生代三畳紀の中期（のやや早い時期）に生息していた海棲の爬虫類である。最大の特徴は、口の先端が掃除機のノズル（ヘッド）のように横に広がり、そこには彫刻刀のような形をした小さな歯が一列に並んでいたこと。この歯を上手に使うことで、海底に貼り付いた藻類などをこそぎ取り、食べていたとみられている。

　海棲の爬虫類は、中生代が始まる前、古生代のペルム紀にはすでに登場していた。しかし、植物を食べる海棲爬虫類は、本書執筆時点の情報としては、アトポデンタトゥスが最古の存在とされる。

Arizonasaurus babbitti
【アリゾナサウルス】

三畳紀の陸

分類	爬虫類 偽鰐類
産出地	アメリカ
全長	3m

三畳紀
約2億5200万年前～約2億100万年前

正面　側面

　草原でテントを組み立てて、親子で野外読書と洒落込む。陽が暮れて暗くなったのちに、ランタンや懐中電灯の明かりで本を読むなんて、なんて憧れるシチュエーションだろうか。親子の会話も弾むというもの。
　その会話があまりにも楽しそうに聞こえたのか。仲間に入れてほしそうに、今、1頭の爬虫類がテントの背後から迫ってきている。
　この爬虫類、一見すると恐竜に見えるかもしれないが、恐竜ではない。「偽鰐類（ぎがくるい）」というグループの一員で、恐竜類よりはワニ類に近縁の動物だ。名前をアリゾナサウルス・バビッティ（*Arizonasaurus babbitti*）という。
　アリゾナサウルスの特徴は、背中にある帆のような構造だ。この帆は、背骨から上に伸びる平たい突起が並び、突起を覆うように皮が張られてつくられている。背骨から平たい突起が伸びるというその特徴は、のちの時代に登場する恐竜、スピノサウルスと同じだ（168ページ参照）。
　アリゾナサウルスの帆が何の役にたったのかはよくわかっていない。異性へアピールする際に使っていたのかもしれないし、威嚇に使っていたのかもしれない。筋肉の付着面だった可能性もある。すべては今後の発見と研究次第だ。
　アリゾナサウルスは鋭い歯をもち、"史実"においては、三畳紀中期のアリゾナ州（アメリカ）における生態系の頂点に君臨していたという指摘もある。もしも、実際に野外で出会ったら……刺激しないようにしながら、その場を離れた方がよいかもしれない。

三畳紀の陸

分 類	爬虫類
産出地	インド
全 長	3.6m

三畳紀
約2億5200万年前〜約2億100万年前

上面
正面
側面

　農地を耕す時にウシの力を借りる地域は少なくない。インドのある地方では、ウシとともに、シリンガサウルス・インディクス（*Shringasaurus indicus*）を歩かせることが多いという。ともに歩かせることで、ウシが何やらやる気を出し、シリンガサウルスがいないときよりも効率的に耕してくれるらしい。

　シリンガサウルスの特徴は、やや長い首の先にある頭部だ。2本のツノが前向きににょっきりと生えているである。その風貌は、どことなく恐竜類（とくに角竜類246ページのトリケラトプスなどを参照）を彷彿とさせる。しかし、シリンガサウルスは恐竜類とは関係ない爬虫類だ。植物食性で、そのツノはシリンガサウルス・インディクスどうしの種内闘争（例えば、雄同士で雌を争う際など）のために使われたとみられている。ちなみに、シリンガサウルスの「シリンガ（*Shringa*）」は、サンスクリット語の「ツノ」に由来する。もちろん、その頭部の形状にちなんだ名前だ。

　"史実"におけるシリンガサウルスは、三畳紀中期の早い時期のインドに出現した。知られている限り、当時はまだ恐竜類はいなかったとみられている。そんな世界で、シリンガサウルスのような爬虫類がいたということは、当時の爬虫類の多様性を物語る一つの例といえる。

　残念ながら（？）現在のインドを訪ねても、ウシとともに歩くシリンガサウルスを見ることは無理……のはずである。念のため。

Eretmorhipis carrolldongi
【エレトモルヒピス】

三畳紀の海

分類	爬虫類
産出地	中国
全長	90cm

三畳紀
約2億5200万年前～約2億100万年前

上面

正面　側面

「なんだか妙なものが釣れたよ」

　釣り人が見せてくれたのは、たしかに"妙な生き物"だった。

　四肢は大きなひれ状。背中にはこぶが並び、そして口先は扁平になっていた。この扁平なクチバシ、どこかで見たことがあると思ったら、カモノハシのそれとよく似ているじゃないか。

　釣り人が抱えているこの動物の名前は、エレトモルヒピス・カロルドンギ（*Eretmorhipis carrolldongi*）。カモノハシのような顔をしているけれども、爬虫類である。

　エレトモルヒピスの特徴は、カモノハシのようなクチバシ以外に、もう一つある。からだの大きさの割には眼が小さいのだ。視力があまり重要ではない環境、おそらく光量の弱い水底で暮らしているか、あるいは夜行性だったとみられている。その意味で、夕方にエレトモルヒピスが釣れるという今回の釣果は珍しいかもしれない。なお、そんな弱い視力のかわりに、エレトモルヒピスはクチバシの感覚を使って生活していると考えられている。クチバシの触覚が、この動物にとって、周辺を感知する手段であるらしい。

　"史実"におけるエレトモルヒピスは、三畳紀の前期末（約2億4800万年前）の中国に生きていた。古生代ペルム紀末に起きた空前絶後の大量絶滅事件から、わずか400万～500万年後の世界である。そんな世界にあっても、海棲爬虫類はすでに多様化をとげ、触覚を主に使って生きるエレトモルヒピスのような種類も誕生させていたことになる。

Tanystropheus longobardicus
【タニストロフェウス】

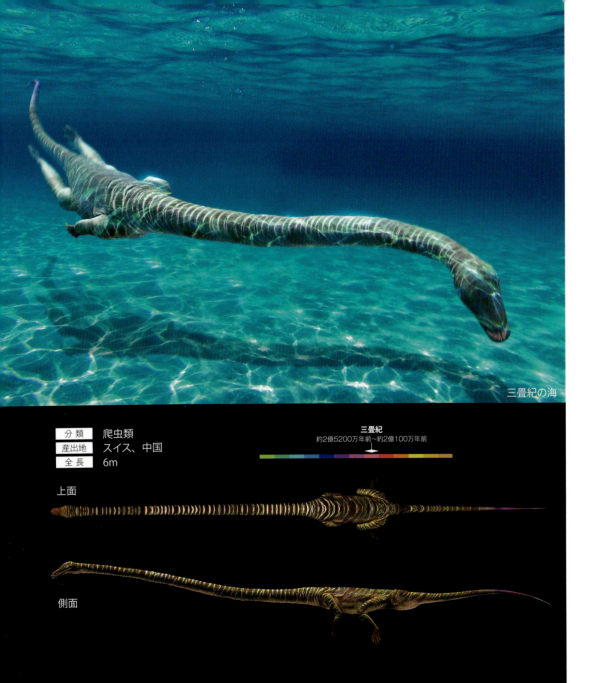

三畳紀の海

分類	爬虫類
産出地	スイス、中国
全長	6m

三畳紀
約2億5200万年前～約2億100万年前

上面

側面

　釣竿が並ぶ海岸で、海をのぞむ首の長い動物がいる。

「あ、恐竜だ！」

　そう思うのも無理はないかもしれない。しかしこの動物は恐竜ではない。

「じゃあ、クビナガリュウだ！」

　それもちがう。クビナガリュウ類でもない。この動物の名前は、タニストロフェウス・ロンゴバルディクス（*Tanystropheus longobardicus*）という。恐竜時代の黎明期にいた爬虫類で、海辺もしくは海中で暮らしていたとみられている。

　タニストロフェウスの長い首は、全長の半分を占める。「長い首」という共通点から「恐竜」や「クビナガリュウ」を思い浮かべた人もいるだろう。

　しかし、タニストロフェウスの首は、恐竜やクビナガリュウの首とは決定的なちがいがあった。恐竜やクビナガリュウの首は、それをつくる骨（頸椎）の数が多い。たとえば、104ページのマメンキサウルスの頸椎は19個あるとされ、クビナガリュウ類にいたっては、70個以上あるものもいる。一方、タニストロフェウスは10個しかない。個々の頸椎が長いのである。

　それにしても、タニストロフェウスの長い首は何の役にたっていたのだろうか？

　この疑問に関しては、まだ「有力」といえるほどの仮説は発表されていない。

Keichousaurus hui
【ケイチョウサウルス】

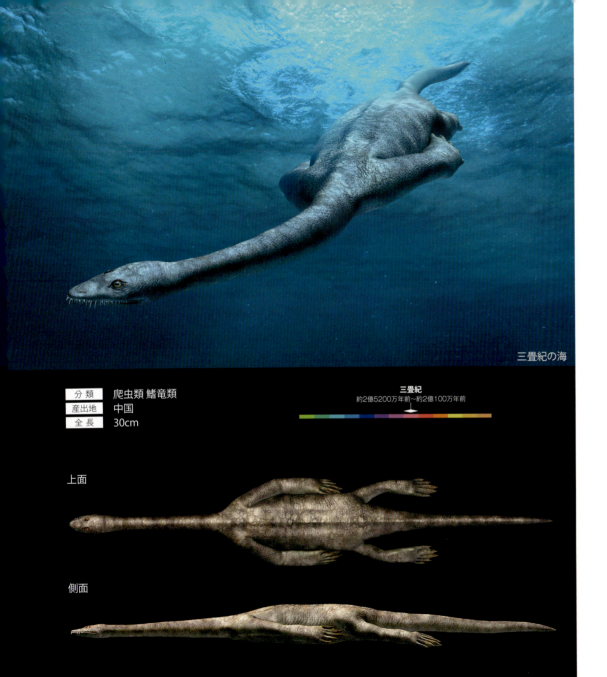

三畳紀の海

分類	爬虫類 鰭竜類
産出地	中国
全長	30cm

三畳紀
約2億5200万年前〜約2億100万年前

上面

側面

　ケイチョウサウルス・フイ（*Keichousaurus hui*）と一緒に温泉に入るときは、いくつかの注意が必要だ。

　まず、桶を用意する。その桶を水で満たし、その桶の中にケイチョウサウルスを入れて風呂場へと持ち込もう。水は多少ぬるくなってもよいが、けっして周囲の温泉と同じような汗が吹き出る温度にならぬようにする。頻繁に指を入れて温度確認をし、「人肌の水温を超えたな」と思ったら、冷水を足してあげよう。

　ケイチョウサウルスは、ノトサウルス（32ページ）やユングイサウルス（34ページ）に近縁な水棲爬虫類である。ノトサウルスやユングイサウルスと違って、多くの個体は30cm未満と小柄だ。しかしながら、「からだのわりに首が長い」という特徴は共通している。短い手足にははっきりとした指の骨があり、ユングイサウルスやのちの時代のクビナガリュウ類にみられるようなひれ脚になっていたわけではない。……とはいえ、四肢は重力に逆らって地上で自重を支えるには華奢であり、浮力のない世界では生きていけなかっただろう。

　一方で、ケイチョウサウルスは、妊娠した個体（胎内に胎児を抱えた個体）が化石でみつかっていることでも知られている。すなわち、この動物が胎生であったことも明らかになっている。こうした「直接証拠」が確認されている古生物はけっして多くない。水棲爬虫類の生態を推測する上でも、貴重な種なのだ。一緒に入浴する際には、取り扱いは注意されたし。

31

Nothosaurus giganteus
【ノトサウルス】

三畳紀の海

分類	爬虫類 鰭竜類
産出地	ドイツ、ブルガリア、イタリアほか
全長	5〜7m?

三畳紀
約2億5200万年前〜約2億100万年前

上面

側面

　ダイビングをしていると、ゆったりと隣に大きな動物が並んできた。長いクビ……これが噂のクビナガリュウ類だろうか……。

　いや、ちがう。この動物はクビナガリュウ類ではない。同じ鰭竜類（きりゅうるい）というグループに属してはいるものの、より"原始的な存在"とされるものだ。その名を、ノトサウルス・ギガンテウス（Notosaurus giganteus）という。クビナガリュウ類とは異なり、手足はひれになっておらず、水かきがある程度だったとみられている。

　"史実"において、ノトサウルス属は三畳紀の海で大いに繁栄した爬虫類として知られている。その化石は、ドイツ、イタリアなどのヨーロッパをはじめ、イスラエル、サウジアラビア、中国など広範囲からみつかっている。ノトサウルス属では10種以上が報告されており、その中でもドイツから化石がみつかるノトサウルス・ギガンテウスは、約60cmの頭骨をもつことで知られ、全長は5〜7mに達すると推測されている。ノトサウルス属の中では最大級で、同等のものは、ほかに中国から化石がみつかっているノトサウルス・ザンギ（Nothosaurus zhangi）くらいしかない（今のところ）。ノトサウルス属の他の種に関しては、全長3〜4mのものが多い。

　三畳紀の海洋世界においては、5mオーバーという全長はなかなかの大型種だ。ノトサウルス・ギガンテウスやノトサウルス・ザンギは、海洋生態系の上位に君臨していたとみられている。

Yunguisaurus liae
【ユングイサウルス】

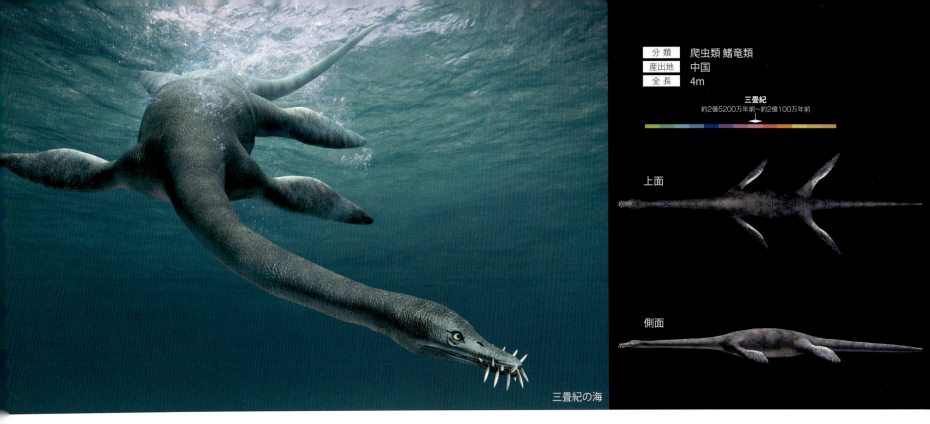

分 類	爬虫類 鰭竜類
産出地	中国
全 長	4m

三畳紀
約2億5200万年前〜約2億100万年前

上面

側面

三畳紀の海

　いつの頃から、水族館や動物園では「個性」が大事なものとなった。動物たちをただ単純に水槽や檻に入れておくだけでは来場者は増えず、館や園独自の「工夫」が要求されている。

　ある水族館では、積極的に水棲の古生物を飼育している。……それどころか、そうした古生物にトレーニングを行なって、ショーや体験コーナーを開催し、大きな話題を呼んでいる。

　今、この水族館が力をいれているのは、ユングイサウルス・リアエ（*Yunguisaurus liae*）による「ハイタッチ会」の実施だ。ユングイサウルスは、クビナガリュウ類ではないけれども、クビナガリュウ類に近縁とされる爬虫類の一つ。近縁には、ケイチョウサウルス（30ページ）やノトサウルス（32ページ）がいるが、この2種と比べると四肢がひれになっているという大きなちがいがある。

　水族館が推しているこの個体は性格がおとなしい上に人懐っこく、トレーニングの理解も早い。今日は子供たちを招いて、「ハイタッチ会」のプレ・オープニング体験会を実施した。その成否に関しては、子供たちの表情を見れば、一目瞭然だろう。水族館にあらたな人気者がデビューした瞬間だ。

　……なお、こうした水族館は実在していないのでご注意を。遠くない将来、こうした光景が実現するのかどうかは定かではないけれど、現時点ではいくら探しても、こんな楽しい水族館はないはずだ。

Gerrothorax pulcherrimus
【ゲロットラクス】

三畳紀の河川・湖沼

分類	両生類
産出地	ドイツ、グリーンランド、フランスほか
全長	1m

三畳紀
約2億5200万年前〜約2億100万年前

側面

正面

「こちら、機内持ち込みでよいのですね?」

「ええ。許可証はこれ、この通り持っています」

「わかりました。くれぐれも、暴れ出さないように気をつけてください」

飛行場の手荷物検査場で、そんなやりとりがあったとか、……なかったとか。

トレイの上に、でろんと乗っているこの動物の名前をゲロットラクス・プルチェリムス(*Gerrothorax pulcherrimus*)という。頭部も胴部も幅広で扁平、そして小さな四肢が特徴の両生類だ。

"史実"におけるゲロットラクスは、三畳紀後期に生きていた水棲動物である。水底、場合によっては水底に溜まった泥の中に潜って暮らしていたと考えられている。

ある研究によれば、この動物は上顎を50度まで開くことができたという。水底にからだを横たえたまま、その上を泳ぐ魚をパックリと捕らえることができたとみられている。もしも、飛行場で見かけても、手を出すのはやめたほうがよさそうだ。

また、この"開閉機能"は食事のためだけではなく、水底に潜る際にも役立ったとみられている。いろいろと便利な大きな口である。

残念ながら、"史実"のゲロットラクスは陸上では生きていられなかったようで、干上がった水場で集団死した化石が発見されている。……まあ、そもそも、どんな許可証を持っていたとしても、むき出し状態で機内に持ち込んではだめでしょうね(ヌルヌルでしょうし……)。

Sharovipteryx mirabilis
【シャロヴィプテリクス】

三畳紀の陸

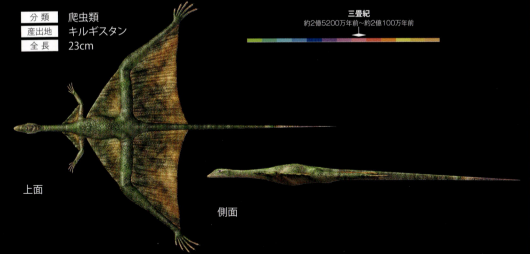

分類	爬虫類
産出地	キルギスタン
全長	23cm

三畳紀
約2億5200万年前〜約2億100万年前

上面　　側面

「こっちこっち！　頑張って！」

女性に誘導されるように、「何か」が滑るように飛んでいる。

目を引くのは、その「翼」だ。鳥のように羽根でできた翼ではなく、コウモリや翼竜のように皮膜でできた翼。その翼が「後ろ脚」にあるのだ。

鳥にしろ、コウモリにしろ、翼竜にしろ、その翼は「腕（前脚）」にある。鳥とコウモリは腕で翼を支え、翼竜の場合は腕の皮膜以外にも後ろ脚から尾の付け根まで張る（とみなされている）皮膜もあるが……後ろ脚の翼の方が広いということはない。

"主翼"が後ろ脚にある。この珍しい動物の名前を、シャロヴィプテリクス・ミラビリス（*Sharovipteryx mirabilis*）という。「*mirabilis*」は「驚くべき」という意味だ。本書では、この名前をもつ珍妙な動物をのちにも収録しているので、のちほどご確認いただきたい。

さて、現実的な問題として、シャロヴィプテリクスの飛行能力に関しては疑問視する声もある。後翼だけで上手にバランスが取れるのか、というわけだ。実は、シャロヴィプテリクスには後翼だけではなく、脇下から膝にむけて小さな翼があったともされている。ただし、これだけでは安定した飛行をするには不十分ともされ、"理論的な存在"（化石で何ら証拠が確認されていない）として、小さな前翼がさらにあったのではないか、ともいわれている。

三畳紀の水辺

分類	爬虫類
産出地	ドイツ
全長	20cm

三畳紀
約2億5200万年前〜約2億100万年前

上面
正面
側面

　オイラも何か飲みたいなあ〜。
　そんな熱視線を送っている動物が、カップのそばにいる。一見するとトカゲに似た感があるけれども、よく見れば胴体の幅がやや広い。
　飲み物をねだるこの動物の名前は、パッポケリス・ロシナエ（*Pappochelys rosinae*）。カメ類の祖先に近いとされる爬虫類である。
　カメ類の初期進化は古生物学上の大きな謎の一つ。甲羅でその身を守るという"防御特化"の爬虫類グループが、どのように進化して誕生したのかについては、よくわかっていない。明らかなことは、おそらく三畳紀の間にカメ類が登場・台頭したということだけだ。この本でも、こののち、三畳紀のカメ類をいくつか追いかけていく。
　"史実"におけるパッポケリスは、約2億4000万年前、三畳紀中期のドイツに生きていた。厳密にいえば、まだカメ類ではなく、カメ類に近いとされる動物である。カメ類の特徴である歯のないクチバシと甲羅は確認できないものの、腹側の肋骨が発達した"胸甲（きょうこう）"をもっていた。一方で、背中側には甲羅（背甲（はいこう））かそれに近いものは未発達だったという特徴がある。
　本書執筆時点の情報では、パッポケリス以降、エオリンコケリス（46ページ）、オドントケリス（48ページ）、そしてプロガノケリス（56ページ）とカメ類への進化は続いていくことになる。三畳紀の一つの見所として、お楽しみいただきたい。
　なお、飲み物をねだってきたパッポケリスには、とりあえず水を与えておけばよいだろう。

41

三畳紀の河川・湖沼

分類	両生類 分椎類
産出地	ドイツ
全長	6m

三畳紀
約2億5200万年前〜約2億100万年前

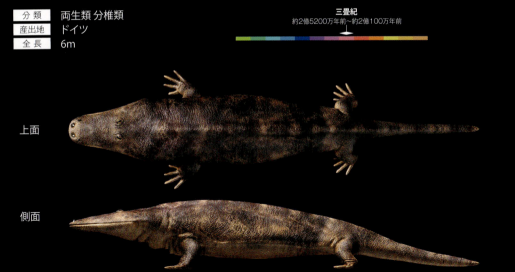

上面

側面

　久しぶりの雨が降った次の日は、泥埃で車が汚れている。洗車をしたい。でも、自分で洗うには時間がない。そんなときは、機械を使って洗ってしまおう。……と思って洗車場へ行くと、どうやら先客がいたようだ。

　先客は、頭部の長さだけでも1m超、全長は6mに達したとみられる両生類で、名前をマストドンサウルス・ギガンテウス（*Mastodonsaurus giganteus*）という。この本の前巻にあたる古生代編をお持ちの方は、184ページのエリオプスをご覧いただきたい。マストドンサウルスとエリオプスは、同じ分椎類という両生類のグループに属している。エリオプスも大型種だったけれども、マストドンサウルスと比較すると可愛らしくみえる大きさだ。なにしろ、マストドンサウルスは分椎類における最大種で、その全長値はエリオプスの3倍にもなる。

　エリオプスがそうであったように、マストドンサウルスも生態系の最上層に君臨する捕食者だったようだ。太く大きな歯をもち、脱出しようともがく獲物もがっしりと捕らえることができたとみられている。

　"史実"におけるマストドンサウルスは、完全な水棲とされる。細長く平たい頭部の上面にある大きな眼は、現生のワニのように水面から上の様子を探ることに適していたかもしれない。なお、分椎類という両生類グループは、その後も子孫を残し続けるけれども、白亜紀前期までの間に完全に絶滅した……はずである。

Henodus chelyops 【ヘノダス】

三畳紀の汽水域

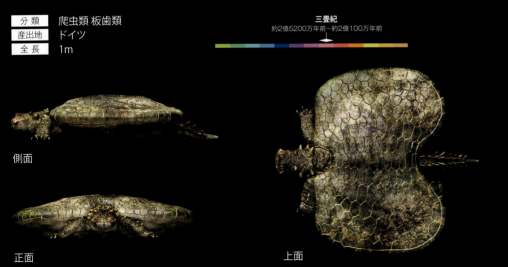

分類	爬虫類 板歯類
産出地	ドイツ
全長	1m

三畳紀
約2億5200万年前〜約2億100万年前

側面

正面

上面

　托鉢帰りに寺の裏の池に寄ってみたら、すーっと飛び石が動いていく。
　え！　え!?
　思わず見入っていたら、飛び石ではなかった。先日、道に迷っていたところを拾ったヘノダス・ケリオプス（*Henodus chelyops*）だ。踏まなくてよかった。
　さて、ヘノダスは四角形の甲羅を特徴とする水棲の爬虫類である。一見しただけでは、カメの仲間のように見えるかもしれないが、カメではない。16ページで紹介したプラコダスと同じく板歯類の一員で、その特殊化した例として知られる。四角く平たい形状の甲羅はもとより、まるでティッシュボックスのような直方体の頭部も特徴だ。その頭部の先端はクチバシになっており、板歯類に特有とされる"すりつぶし用の平たい歯"もほぼ欠いていた。
　ヘノダスは植物食だったとみられている。口先に歯の並ぶアトポデンタトゥスとは異なる方法で、水底の石に生えたコケなどをこそぎ取るように食べていたのかもしれない。
　"史実"においては（も）、汽水域に生息していたようで、これもまた板歯類としては珍しい特徴となる。
　そんな知識を思い起こしている間に、ヘノダスは池の奥へと泳いで行った。
　「ところで、お前さん、もとの飛び石はどこへやったんだい？」

三畳紀の海（？）

分類	爬虫類
産出地	中国
全長	2.3m

三畳紀
約2億5200万年前〜約2億100万年前

上面
正面　側面

　平日昼の空いた電車に乗っていると、いろいろな出会いがある。
　今日もほら、エオリンコケリス・シネンシス（*Eorhynchochelys sinensis*）が広い座席でゆっくりと休んでいる。混雑した車内ならば迷惑極まりない行為だけれども……他に乗客の姿もない。ここは、触れずにいることが優しさなのかもしれない。
　エオリンコケリスは、カメ類そのものではないけれども、カメ類の祖先に近いとされる爬虫類。40ページで紹介したパッポケリスよりは進化的で、48ページで紹介するオドントケリスよりも原始的とされる。幅のある肋骨はもっているけれども、背中にも腹にもカメの象徴である「甲羅」はない。
　エオリンコケリスの"カメっぽさ"は、頭部にある。カメ類と同じように、口先にクチバシがあったのだ。それでいて、口の奥には小さな歯も並んでいた。こうした特徴が、この動物がカメ類への系譜に連なっていることを示唆している。
　"史実"においては、エオリンコケリスは約2億2800万年前の中国に生きていた。その時代は、パッポケリスより1200万年以上新しく、オドントケリスとは同等か、少し古い。また、エオリンコケリスが水棲であったか、陸棲であったのかはよくわかっていない。
　あ、ターミナル駅が近づいてきた。いかに日中とはいえ、乗ってくる人もいるだろう。そろそろ声をかけるべきかもしれない。

三畳紀の陸

分類	爬虫類 カメ類
産出地	中国
全長	38cm

三畳紀
約2億5200万年前〜約2億100万年前

底面　　上面

側面

　今日の校外学習は、水族館。丸1日学校で借り切った。児童たちは自分のお気に入りの動物を探し、その観察をすることになっている。

　少女が選んだ観察対象は、カメ。許可を取った上で水槽の前に陣取って、スケッチブックを取り出す。そして、まずはじっくりとカメを観察する。……と、一風変わっているカメがいた。彼女の眼はそのカメに釘付けとなっている。オドントケリス・セミテスタセア（*Odontochelys semitestacea*）だ。

　彼女が熱い視線を送っているその理由は、オドントケリスの背中にある。このカメは、背中側に甲羅がない。腹側にはあるようだ。もちろん頭や手足を甲羅に引っ込めることはできない。

　じっくりと観察を続ければ、彼女はオドントケリスのもつ他の特徴にも気づくかもしれない。例えば、他の多くのカメとはちがって、口には小さな歯が並んでいるのである。

　"史実"においては、オドントケリスは「最初期のカメ」の一つとして知られる。化石は浅い海底にたまった地層からみつかり、発見当初は水棲種として発表された。しかし、手足に水棲種としての特徴がみられないこと、他の「最初期のカメ」がいずれも陸棲種であることなどから、オドントケリスが水棲種であるかどうかは疑問視されている。……彼女の観察によって、なにか新発見をもたらされるかもしれない。

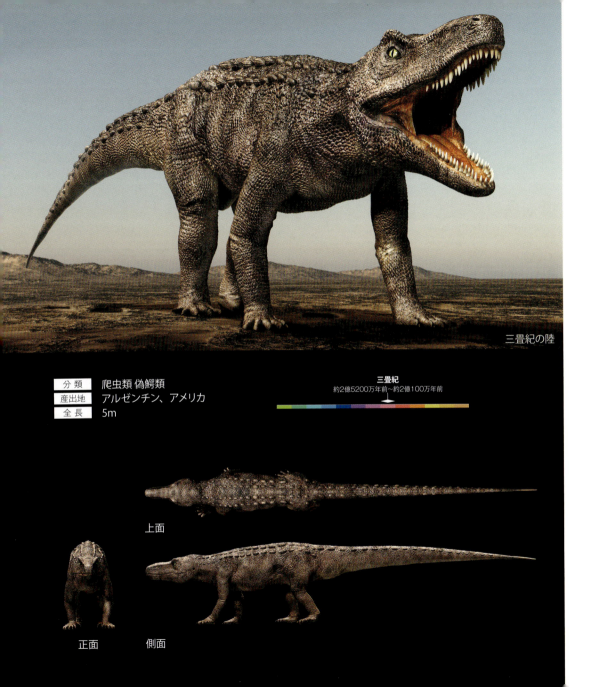

三畳紀の陸

分 類	爬虫類 偽鰐類
産出地	アルゼンチン、アメリカ
全 長	5m

三畳紀
約2億5200万年前〜約2億100万年前

上面

正面　側面

　白馬が主人を待っていると、どこからともなく迫力のある爬虫類がやってきた。鱗、面構え、……どことなくワニを彷彿とさせるけれども、這い歩きを基本とするワニに対して、この爬虫類の四肢は、からだの下へまっすぐ伸びている。また、ワニのように頭部は扁平ではなく、むしろティランノサウルスを彷彿とさせるがっしり型。一目見てわかる。"恐ろしい部類"の肉食動物だ。

　体高こそ白馬の半分ほどだけれども、その迫力に白馬は思わず顔を背けてしまう。日頃の調練の賜物か、それとも2頭いる安心感か、主人を乗せずに逃げ出さないことは「えらい」というべきか「さすが」というべきか。

　いずれにしろ、ここまで接近を許した段階で、あまり相手を刺激すべきではない。ここは主人の帰りを待って、その判断に従うべきだろう。それまでの辛抱だ。

　白馬に寄ってきているこの動物は、ワニ類に近縁のグループである偽鰐類（ぎがくるい）の一員。その名前をサウロスクス・ガリレイ（*Saurosuchus galilei*）という。

　"史実"において、サウロスクスが生きていた時代、彼は最大級の陸上肉食動物だった。当時は偽鰐類の全盛期であり、サウロスクスはその象徴的な存在として知られている。

　現代の街で、サウロスクスがウマに因縁をつけるような事態は発生しないはずだから、安心して馬車を楽しまれたい。

三畳紀の水辺

分類	爬虫類 偽鰐類
産出地	アメリカ
全長	4m 強

三畳紀
約2億5200万年前〜約2億100万年前

正面　　側面

　天気の良い日は、弁当持参で公園へ。ベンチに座って食べようと思ったら、テーブルがなかった。そんな経験、ないだろうか？

　そんなときこそ、頼りになるのは、デスマトスクス・スプレンシス（*Desmatosuchus spurensis*）。平たい背中をもつこの偽鰐類は、ちょっと腰をかがめてもらえれば、テーブルにぴったりのサイズ。植物食性なので、ヒトが食べられる心配はない。少し潰れた感のある鼻先は、愛嬌があって子どもたちへのウケもいい。

　ただし、気をつけなくてはいけないのは、首と肩、胴の後半部から尾にかけて、左右にトゲが伸びているということ。とくに肩のトゲは長いので、注意が必要だ。

　こうした"トゲの武装"をもつ種は、偽鰐類ではかなり珍しい。のちに登場する角竜類や鎧竜類を彷彿とさせるものだ。

　デスマトスクスは、偽鰐類の中でも、アエトサウルス類というグループに分類される。アエトサウルス類の偽鰐類は小型のものばかりで、多くの種の全長は2m以下。そんなグループの中で、デスマトスクスは4m超という"破格の大きさ"だ。

　なお、デスマトスクスの名（属名）をもつ種は複数報告されているけれども、その分類に関しては議論がある。

Shonisaurus sikanniensis
【ショニサウルス】

三畳紀の海

分類	爬虫類 魚竜類
産出地	カナダ
全長	21m

三畳紀
約2億5200万年前〜約2億100万年前

正面　　側面

迫力のある1シーンが眼前で展開中だ。

海水面近くにいたザトウクジラたちが、今、一斉に急潜航を開始した。

これほどのダイナミックなシーンに遭遇できたあなたはとても運が良い。クジラたちが作り出す水流に気をつけながら、ご堪能いただきたい。

……と、お気づきだろうか？　ザトウクジラたちに混ざって、1頭、とても大きな動物がいる。ザトウクジラたちとは異なり、シュッとした吻部が細く長く伸びている。

この動物の名前は、ショニサウルス・シカンニエンシス（$Shonisaurus\ sikanniensis$）。史上最大級の魚竜類だ。

ショニサウルスは、成長にともなって捕食方法を変えていたとみられている。それは、幼体には歯が確認できるが、成体に歯がないからだ。おそらく成長したショニサウルスは、獲物を「吸い込んで」食べていたのではないか、と指摘されている。

さて、"史実"におけるショニサウルスは、約2億1700万年前〜約2億1600万年前の三畳紀後期に生きていた。ウタツサウルス（12ページ）に代表される初期の魚竜類の出現から3000万年ほど経過した時期だ。つまり、3000万年の時間で、魚竜類は20m超級の種さえ出現するほどの繁栄に至ったことになる。

なお、ショニサウルス・シカンニエンシスは、実はショニサウルス属ではない別属の魚竜類ではないか、という説もある。

Proganochelys quenstedti
【プロガノケリス】

三畳紀の陸

分類	爬虫類 カメ類
産出地	ドイツ
甲長	50cm

三畳紀
約2億5200万年前〜約2億100万年前

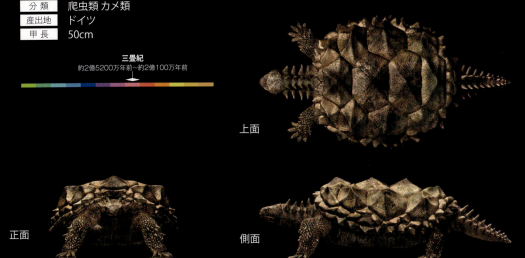

正面　　上面　　側面

　ゾウガメに餌を与えようとしていると、見慣れぬカメがやってきた。その大きさは、ゾウガメの半分ほど。プロガノケリス・クエンステディ（*Proganochelys quenstedti*）だ。

　ゾウガメに限らず、多くのカメの甲羅は比較的なだらかである。しかしプロガノケリスは違う。その甲羅は凹凸が激しい。

　甲羅だけではない。首にも尾にもトゲが並び、全体的に"デコボコ感"が強い。一見すると、こうしたトゲのおかげで「防御性能が高そう」と思えるかもしれない。しかしこのトゲのせいもあって、プロガノケリスは自分の首や尾を甲羅の内部に収納することができない。カメにとって、最高の防御手段である「甲羅に籠る」ことができないのである。

　"史実"におけるプロガノケリスは、約2億1000万年前のドイツに生きていたとされる。オドントケリス（48ページ参照）より1000万年ほどのちのことである。

　プロガノケリスの化石は1887年に報告され、その後長い間、「最古のカメ類」の座にあった。見ての通り、水棲の要素は一切もっておらず、リクガメであることは明らかだ。そのため「カメ類の歴史はリクガメにはじまる」と考えられてきた。

　この考えに一石を投じたのが2008年に報告されたオドントケリスであり、その後、2015年にはパッポケリス（40ページ）なども報告された。

　現在、カメ類の初期進化がどのような感じであったのか、アツイ議論の最中にある。

三畳紀の空

分類	爬虫類 翼竜類
産出地	イタリア
翼開長	1m

三畳紀
約2億5200万年前〜約2億100万年前

上面

側面

　ハトが集まる広場。
　ふと見上げると、ハトよりも大きな翼をもつ動物がいた。
　その翼は羽根ではなく、皮膜でできている。口先はクチバシではなく、小さくても鋭い歯が並ぶ。そして長い尾がある。
　この動物は、もちろんハトではない。それどころか鳥類でもない。名前はエウディモルフォドン・ランジイ（*Eudimorphodon ranzii*）。翼竜類である。
　"史実"における翼竜類は、恐竜類とほぼ同時期に出現し、鳥類をのぞく恐竜類とほぼ同時期に絶滅した爬虫類のグループだ。恐竜類に近縁ではあるけれども、恐竜類ではない。
　俗に「恐竜時代」と呼ばれる中生代において、翼竜類は鳥類とともに空を制した存在だった。しかし、その歴史は鳥類よりもかなり古い。そんな翼竜類の中で、エウディモルフォドンはとくに初期の種として知られている。
　翼竜類は本書の中でもこれからいくつか登場する。そのサイズ比較はもちろんではあるけれども、ぜひ、頭部の大きさ、尾の長さにも注目されたい。翼竜類の進化の傾向が、よくわかるはず。
　さて、現実世界では世界中のどの広場に行っても、ハトの集団を観察しても、翼竜類が混ざっているということはない……はず。
　でも、ひょっとして……。気になる方は、次回から注意深く観察してみよう。羽根の翼ではなく、皮膜の翼をもつものはいないだろうか、と。

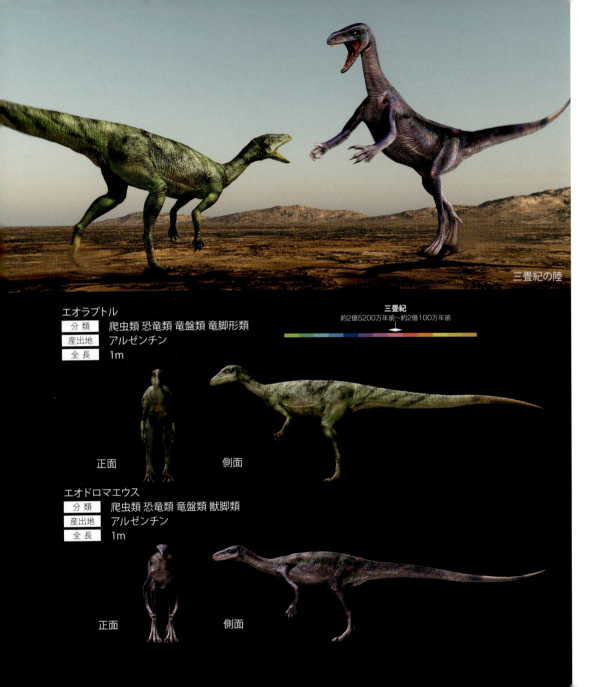

三畳紀の陸

エオラプトル
分類	爬虫類 恐竜類 竜盤類 竜脚形類
産出地	アルゼンチン
全長	1m

正面　側面

エオドロマエウス
分類	爬虫類 恐竜類 竜盤類 獣脚類
産出地	アルゼンチン
全長	1m

正面　側面

三畳紀
約2億5200万年前～約2億100万年前

　階段下でラブラドール・レトリバーが休んでいると、シェットランド・シープドッグ（シェルティ）が降りてきて、腰を下ろした。すると、1階廊下の奥からゆっくりと1匹の恐竜がやってきた。その恐竜は、あえて足音をたてる。イヌ2頭が、その廊下に気を取られていると、そっと階上からもう1匹の恐竜が降りてくる。いたずら好きの恐竜コンビがみせる日常の一コマだ。次の瞬間、階上から降りてきた恐竜がシェルティを驚かせ、そのシェルティがラブラドールの上に飛び降りて……というドタバタの連鎖が発生する。

　さて、廊下の奥からやってきた恐竜の名前は、エオドロマエウス・ムルフィ（*Eodromaeus murphi*）、階上からそっと降りてきた恐竜は、エオラプトル・ルネンシス（*Eoraptor lunensis*）という。よく似た姿をした小さな恐竜たちだけれども、エオドロマエウスは獣脚類というグループに属するその最初期の代表格で、エオラプトルは竜脚形類の最初期の代表格だ。獣脚類にははるかのちに全長12mのティランノサウルス（248ページ参照）が登場し、竜脚形類には全長20m級の植物食恐竜がぞろぞろと出現する。どちらも、大型種が生まれることになるグループだけれども、最初期の種はこれほどに小さかった。

　え？　どちらがエオラプトルで、どちらがエオドロマエウスかわからないって？　良い質問だ。実際、最初期の種はとても似通っていた。この家でも、名前を呼ぶときにはしばしば混同してしまうとか……。

Coelophysis bauri
【コエロフィシス】

三畳紀の陸

分類	爬虫類 恐竜類 竜盤類 獣脚類
産出地	アメリカ
全長	3m

三畳紀
約2億5200万年前〜約2億100万年前

正面　　　側面

　アメリカの某地域にあるサイクリングロードには、ちょっとした名物がある。2台以上の自転車で走っていると、どこからともなく小型の恐竜たちが現れて、楽しそうに並走するのだ。彼らは襲いかかってくるでもない。走行の邪魔をしてくるのでもない。ただ単純に並走するだけ。ときによっては、その並走する数は数十頭、数百頭におよぶとか。今日もまた、ヒトの夫婦の自転車が走るその脇を、コエロフィシス・バウリ（*Coelophysis bauri*）が走っている。

　コエロフィシスが喜んで並走するには理由がある。もともと彼らは群れを好む性質がある。成体、亜成体、幼体を問わず、数百頭もの群れをつくる。コエロフィシス自体の全長は成体で3mほど。「3m」と聞くと大きく聞こえるかもしれないが、これは頭の先から尾の先までの長さ。腰の高さは自転車とさほど変わらない。ちなみに、体重は25kgほどの"軽量級"とみられており、快走に向いている。

　さて、もちろん、現実にコエロフィシスと走ることができるサイクリングロードなんて存在しない（はずだ。……残念ながら）。ただし、実際にコエロフィシスは、数百体もの化石がある限定区画からみつかっている。そこには、成体、亜成体、幼体が含まれていた。これは、彼らが大規模な群れであった可能性を示唆する一方で、何かの拍子（例えば洪水など）によって、コエロフィシスの死骸が集められた可能性もある。結論は出ていない。

63

分類	爬虫類 恐竜類 竜盤類
産出地	アルゼンチン
全長	4.5m 以上

三畳紀
約2億5200万年前～約2億100万年前

上面
側面
正面

三畳紀の陸

　広いファン層をさらに広くするため、サッカーに「恐竜類の参加OK」となったのは、そう遠い昔の話ではない。そのときの条件は、「ヒトを襲わずに、ルールをきちんと守るように調教してあること」「三畳紀の恐竜類に限る」というものだった。

　一つ目の条件については言わずもがな。ルールを守らなければスポーツにはならないし、ヒトを襲うような動物とは、恐竜類に限らず、同じ空間にいることでさえ、危険極まりない。

　もう一つの条件は、何のためか？　それは、ルールを決めた協会上層部に「初期の恐竜類ならば小型種ばかりだろう」という認識があり、「小型種であれば、試合に影響を与えないだろう」という思い込みがあった。

　しかし、三畳紀の恐竜類には、ヘルレラサウルス・イスキグアラステンシス（*Herrerasaurus ischigualastensis*）のような、それなりの大きさをもつ種も存在した。全長4.5mともなれば、その体高（腰の高さ）は1mを超え、選手（人）とも十分に競り合うサイズとなる。

　"史実"においては、ヘルレラサウルスはエオラプトルたちと同じ時期の同じ地域に生息していた恐竜類として知られ、その一方で細部の分類に関しては議論があることでも有名だ。なお、4.5mという個体はそれなりの大きさで、3m級の個体もいたとみられているが……3m級では、人に力負けしてしまいパワー・プレイには向かなかったかもしれない。

Frenguellisaurus ischigualastensis
【フレングエリサウルス】

三畳紀の陸

分 類	爬虫類 恐竜類 竜盤類 獣脚類
産出地	アルゼンチン
全 長	7m

三畳紀
約2億5200万年前～約2億100万年前

上面

側面

正面

　赤チームがヘルレラサウルス（64ページ参照）ならば、青チームはフレングエリサウルスだ。三畳紀の獣脚類としては、随一の巨体を誇るフレングエリサウルス・イスキグアランステンシス（Frenguellisaurus ischigualastensis）をキーパーに抜擢した。比較的大きな手がキーパーに向いているという判断だ。
　幅7.32mのゴールを、全長7mのフレングエリサウルスが守る。それは鉄壁の守りに思われた。ゴール前からのFKにだって耐えられる。念のため、壁を4枚配置して……。
　しかし、赤チーム4番が放ったシュートは、ループを描きながら無情にもフレングエリサウルスの背中を越えていった……。
　……やっぱり、守護神は人がやるべきだ。のちにそんな議論が勃発したとかしないとか。
　さて、"史実"においては、フレングエリサウルスは約2億2300万年前に現れた獣脚類とされている。7mというサイズは、中生代の獣脚類としては中型にあたる。それでも、その500万年前に現れた"最古の獣脚類"であるエオドロマエウス（60ページ参照）と比べると、よくぞこの短期間でここまで大きくなったというべきかもしれない。
　ヘルレラサウルスとよく似ており、実際、ヘルレラサウルスと同種ではないかという指摘も根強い。いずれにしろ、三畳紀の間に中型の肉食恐竜がいた確かな証拠であり、恐竜世界の礎が完成しつつあったことを物語っている。……恐竜とサッカーをやるのは、人工知能ロボとサッカーをするよりも難しいでしょうね。

67

三畳紀の陸

分 類	爬虫類 偽鰐類
産出地	アルゼンチン
全 長	10m

三畳紀
約2億5200万年前〜約2億100万年前

正面　側面

　小さな丘の上にある小洒落たハウス、白い手すりのある階段に、綺麗な緑。そして、リンカーンリムジン。「セレブ」という言葉がぴったりと合う光景だが、……リムジンの向こうに、何かいることに気づかれただろうか？
　この動物の名前は、ファソラスクス・テナックス（*Fasolasuchus tenax*）。リムジンカーよりも少し長い全長と、少し高い体高をもつ偽鰐類である。
　"史実"におけるファソラスクスは、三畳紀末期に出現した。同じグループに属するサウロスクス（50ページ）よりも数千万年のちのことである。ファソラスクスは部分化石しか発見されていないものの、その化石から推測された10mという値は、この時代の肉食動物としては最大級だ。のちの時代に出現する恐竜たちと比べても、これほどの大きさをもつ肉食動物はそうそういない。
　サイズだけではない。がっしりとした大きな頭骨は、白亜紀のティラノサウルス（248ページ参照）を彷彿とさせる。ティラノサウルスの顎は獲物を「骨ごと噛み砕く」ことができる。ファソラスクスの顎のかむ力はよくわかっていないけれども、少なくとも見た目からは、かなりの破壊力があったことが示唆される。当時、最強の狩人の一つだった可能性は高い。
　もしも、ファソラスクスが車の脇に来たら……。あなたが乗車しているのなら車から出るのはおすすめできないし、乗車していないのなら、すぐに距離をとるべきだ。

Lessemsaurus
sauropoides
【レッセムサウルス】

三畳紀の陸

分類	爬虫類 恐竜類 竜盤類 竜脚形類
産出地	アルゼンチン
全長	9m? or 18m?

三畳紀
約2億5200万年前〜約2億100万年前

側面

　もしもあなたが交通渋滞に巻き込まれたとしたら、その渋滞の先頭に竜脚形類がいる可能性を考えた方がよいかもしれない。事故ではなく、ある意味で「自然渋滞」である。

　竜脚形類は、恐竜類の中でもとくに巨大な種類が属するグループだ。長い首と長い尾がトレードマークで、4本の足をついて歩行し、植物を食べる。レッセムサウルス・サウロポイデス（*Lessemsaurus sauropoides*）は、竜脚形類としてはやや小型だけれども、この体つきではどう考えても快速は難しい。高速道路のような"逃げ場のない道路"に彼らが迷い込めば、至極当然の結果として交通渋滞を発生させるにちがいない。もっとも、この交通渋滞にイライラしているようでは、鳥類をのぞく恐竜類との共生なぞ、夢のまた夢である。

　さて、"史実"においては、レッセムサウルスは三畳紀最末期に出現した竜脚形類である。68ページで紹介したファソラスクスと同時代・同地域にいたとみられている。三畳紀最末期の恐竜類には、それなりに大型の種類が肉食恐竜にも植物食恐竜にも出現していた証拠ともいえる。ただし、レッセムサウルスに関しては、部分的な化石しかみつかっていないため、全長値に関しては資料によって推測値が大きく異なり、18mとしているものもある。18mとすれば、のちの時代の竜脚形類と比較しても遜色ないサイズだ。もっとも、9mであっても三畳紀随一ではある。

　実際に恐竜類が渋滞の原因となることはないはず……。交通情報に注意されたし。

Lisowicia bojani
【リソウイキア】

分類	単弓類 獣弓類
産出地	ポーランド
全長	4.5m

三畳紀
約2億5200万年前〜約2億100万年前

上面

正面　側面

三畳紀の陸

「!?」
　アフリカゾウの群れの中に、何やら見慣れぬ動物がいることに気づいただろうか？　左から3頭目。長い牙もないし、大きな耳もないし、長い鼻もない妙な動物が歩いている。
　これは何モノ？
　この動物の名前は、リソウイキア・ボジャニ（*Lisowicia bojani*）だ。全長4.5m、体重9tというなかなかのからだの持ち主。ゾウの群れに違和感なく溶け込んでいるものの、リソウイキアは哺乳類ではなく、その近縁のグループに属している。この本でいえば、8ページで紹介したリストロサウルスの近縁種である。
　哺乳類と絶滅した近縁グループは、「単弓類」という、より大きなグループをつくっている。単弓類は、"史実"において、古生代末期に大いに繁栄した。この本の前巻にあたる古生代編をお持ちの方は、ペルム紀のページを開いていただきたい。ディメトロドン、コティロリンクス、エステメノスクス、イノストランケヴィア、ディクトドン……。いずれも単弓類である。
　しかし、古生代末に発生した大量絶滅事件で単弓類はいっきに衰退した。中生代に入ってからイノストランケヴィアのような肉食性単弓類の大型種は姿を消し、植物食性の大型種も三畳紀後期のリソウイキアを最後に姿を消す。リソウイキア級の大型種が再び出現するには、1億5000万年以上の歳月が必要だった。恐竜類が絶滅したのちのことである。

三畳紀の森林

分類	爬虫類
産出地	イギリス
全長	70cm

三畳紀
約2億5200万年前〜約2億100万年前

側面

正面

上面

「さあ、飛んでおゆき」

　陽が暮れようとしているそのとき、丘の上で少年がクエネオスクス・ラティッシムス（*Kuehneosuchus latissimus*）を高く掲げた。クエネオスクスは四肢をピンと張り、"翼"を広げて必死に風を受けようとしている。はたして、クエネオスクスは森に帰ることができるのだろうか。

　クエネオスクスは、肋骨が左右に広がり、その間に皮膜を張って翼をつくったとされる爬虫類の一つ。"史実"においては、中生代三畳紀に生息していたもので、当時、同じような姿の爬虫類はいくつか確認されている。そうした爬虫類は「クエネオサウルス類」と呼ばれており、その中でクエネオスクスはとくに大きな翼をもっていたことで知られている。

　クエネオスクスを含むクエネオサウルス類は、自分自身では羽ばたいて飛行することはできない。基本的には風を受けて、滑空していたとみられている。どうやらそれなりに強い風が必要だったらしい。

　現実のクエネオスクスには、「化石産地の謎」がある。クエネオスクスの化石は、イギリスのボスクーム（シャーロック・ホームズ・シリーズの『ボスコム渓谷の惨劇』で有名なあの渓谷だ）で産出する。ここでは多数のクエネオスクスの化石がみつかるが、他の動物の化石は一切発見されていないのだ。この極端な偏りの理由は、まだ明らかになっていない。

ジュラ紀 *Jurassic period*

「恐竜の時代」がいよいよ到来です。この時代から本格的に彼らの繁栄が始まります。巨大な陸上動物たちの時代がやってきたのです。

三畳紀に繁栄した偽鰐類は、三畳紀末に発生した大量絶滅事件で数を大きく減らしました。しかし、偽鰐類の中にはしっかりと現在のワニ類へとつづく系譜が残されます。恐竜は、衰退する偽鰐類と入れ替わるかのように台頭し、とくに内陸地域で栄えていくことになります。10メートル級の大型肉食恐竜、30メートル超級の植物食恐竜がこの時代、世界各地に存在していたのです。

もちろん、ジュラ紀の生物が偽鰐類と恐竜類だけ、というわけではありません。三畳紀にいた魚竜類や翼竜類に加え、クビナガリュウ類の繁栄も本格的に始まります。魚の仲間においても「史上最大」と呼ばれる種が出現しました。我らが哺乳類も登場し、少しずつ多様化を始めていました。祖先たちのそのサイズ感、ぜひ、ご確認ください。

Protosuchus richardsoni
【プロトスクス】

ジュラ紀の陸

分類	爬虫類 ワニ形類
産出地	アメリカ
全長	1m

ジュラ紀
約2億100万年前〜約1億4500万年前

上面

正面　側面

　人混みから外れた場所の方が、思わぬ出会いに遭遇することもある。

　今、若き女性カメラマンは、まさに人気のない歩道で望外のシャッターチャンスに恵まれている。プロトスクス・リチャードソニ（*Protosuchus richardsoni*）と出会うことができたのだ。

　プロトスクスは、ワニ類そのものではないけれど、「広義のワニ」にあたる「ワニ形類」の代表種。このグループにおいては原始的な存在だ。ワニ類との大きな違いは、四肢のつき方にある。ワニ類は四肢を側方に突き出す「這い歩き型」。一方のプロトスクスの四肢は、からだの真下に向かってまっすぐ伸びていた。この脚のつき方は、ワニ類よりもサウロスクス（50ページ）などの偽鰐類や恐竜類、そして多くの哺乳類に近い。

　背中のようすも、ワニ類と異なる。ワニ類もプロトスクスも、背中を守る骨として「鱗板骨」と呼ばれる小さな板をもっている。ただし、ワニ類の鱗板骨が背中に6列に並んでいることに対して、プロトスクスは2列しかなかった。鱗板骨が背中全体に占める割合は、ワニ類とプロトスクスでさして変わらない。……ということは、鱗板骨がより"分割"されているワニ類よりもプロトスクスのからだは柔軟性がないようだ。

　残念ながら、現実世界ではどんなに人気のない場所を訪ねようとも、プロトスクスに出会うことはないだろう。

Morganucodon watsoni
【モルガヌコドン】

分 類	単弓類 獣弓類 哺乳類？
産出地	イギリス
頭胴長	9cm

ジュラ紀
約2億100万年前〜約1億4500万年前

側面

正面

ジュラ紀の陸

　布団に潜り込んで懐中電灯で本を読む。大人たちには内緒。子供だけの秘密の空間に、何よりもトキめいた。
　そんなとき、あなたのそばに小さな動物はいなかっただろうか？
　たとえば、その小動物は、モルガヌコドン・ワトソニ（*Morganucodon watsoni*）だったということはないだろうか？　一見するとネズミのように見えなくもないこの動物は、もちろんネズミではない。「最古級の哺乳類」とされるモルガヌコドン類の一員だ。
　"史実"においては、モルガヌコドン類は哺乳類に属するとも、より広義のグループである哺乳形類に属する哺乳類とは別の動物ともされる存在。モルガヌコドンの属名をもつ種も複数報告されており、その中には三畳紀後期の地層から化石が産出するものもある。
　モルガヌコドン属全体でみたときは、その化石産出地もイギリスの他に中国やアメリカ、フランスやスイスなどと広範囲にわたる。三畳紀後期からジュラ紀前期はまだ超大陸パンゲアの"名残り"のあった時代だから、地続きの陸地を渡って動物たちが世界中に分布を広げることができたのだろう。
　ネズミのようにみえても、齧歯類と祖先・子孫の関係にあるわけではない。でも、モルガヌコドンと一緒に"布団の秘密基地"で本を読んだ経験があれば……それは一生忘れない記憶となるだろう。

Darwinopterus modularis
【ダーウィノプテルス】

ジュラ紀の空

分類	爬虫類 翼竜類
産出地	中国
翼開長	90cm

ジュラ紀
約2億100万年前〜約1億4500万年前

上面

側面

　ガラパゴス諸島。
　この島々を訪問したら、ぜひとも見ておきたい動物は、ゾウガメ、イグアナ、そして……翼竜だろう。
　その翼竜の名は、ダーウィノプテルス・モデュラリス（*Darwinopterus modularis*）。ガラパゴス諸島の翼竜にふさわしい名前だ。
　え？
　どこが、この島々にふさわしいのか、って？
　そりゃあ、ガラパゴス諸島ときたら、ダーウィン。ダーウィンときたらガラパゴス諸島。かつて、イギリスの生物学者のチャールズ・ダーウィンは、この島々などを訪ね、見たことなどをヒントにして進化論の着想を得たとされている（詳しくは、『種の起源』をお読みいただきたい）。
　ダーウィノプテルスは、まさにそんなダーウィンの名前を冠した、翼竜進化の重要種。翼竜類では、エウディモルフォドン（58ページ）などのように「頭部が小さく、尾が長い種」が早期に出現し、そののちプテラノドン（190ページ）などのように「頭部が大きく、尾が短い種」が出現した。ダーウィノプテルスは「頭部が大きく、尾が長い」という特徴があり、早期に出現した種と、のちに出現した種を"つなぐ"存在にあるとされる。まるで「進化の移行期」のようだ。
　なお、現実世界では、実際にガラパゴス諸島に行ってもダーウィノプテルスに会うことはできない。そもそもダーウィノプテルスの化石は中国で産出している。ご注意されたし。

Ophthalmosaurus icenicus
【オフタルモサウルス】

ジュラ紀の海

分類	爬虫類 魚竜類
産出地	イギリス、メキシコ
全長	4m

ジュラ紀
約2億100万年前〜約1億4500万年前

上面
正面
側面

「おぉー、大きな眼！」

　子どもたちが水槽前に集まってきた。隣に自分の手を置いて、そのサイズを測る子もいる。この水槽は大人気だ。

　水槽の主は、オフタルモサウルス・イケニクス（*Ophthalmosaurus icenicus*）。魚竜類である。「Ophthalmo」は、ギリシア語の「眼」にちなむもの。その名の通り、この魚竜類は眼が大きい。その直径は20cmを超える。

　一般に、大きなからだの動物ほど大きな眼をもつ。その傾向の頂点にあるとされるのは、全長25mのシロナガスクジラがもつ眼だ。そのサイズは直径15cm。

　一方、オフタルモサウルスは全長4mほどで"小柄"。シロナガスクジラよりはるかに小さい。しかし、オフタルモサウルスの眼の大きさは、直径で見てシロナガスクジラの1.7倍、面積でみると3倍近い大きさである。

　この眼は、単純に大きいというだけではない。性能も良いのである。とくに"暗視性能"が高い。人間の眼よりもはるかに夜目が効き、哺乳類のネコと同程度だった。このことは、水深500m以上の深海でも十分に視界を確保できたことを意味している。

　さて、もちろん現実世界において、オフタルモサウルスの眼が化石として残っているわけではない。眼を保護するための「鞏膜輪」という骨が化石に残る。その分析から、眼のサイズやその性能も推測できるのである。

Metriorhynchus superciliosus
【メトリオリンクス】

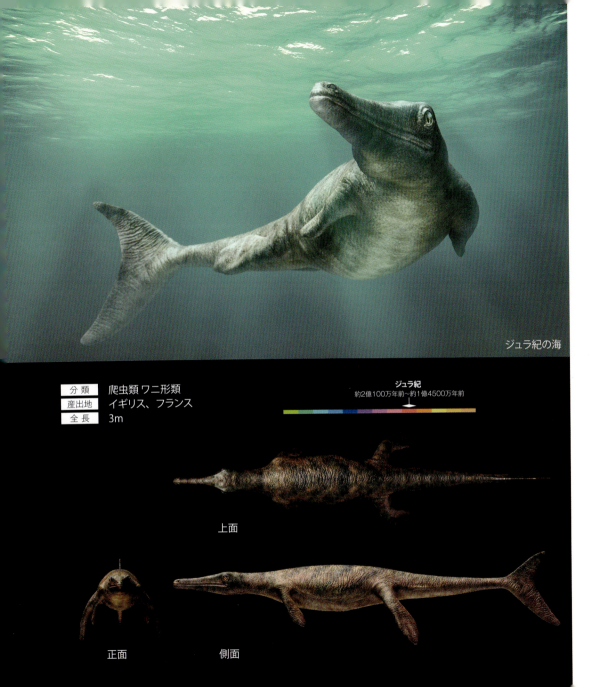

ジュラ紀の海

分 類	爬虫類 ワニ形類
産出地	イギリス、フランス
全 長	3m

ジュラ紀
約2億100万年前〜約1億4500万年前

上面

正面　側面

　ある水族館には、少年の心を鷲掴みにする動物がいるようだ。
　「あれ？　これはサカナ？　いや？　ワニ？」
　不思議に思いながらも眼が離せない。彼が夢中になっているその動物は、吻部が細長く、四肢はひれ脚、尾には三日月型のひれがある。
　どことなくワニに似ているけれども、アリゲーターもクロコダイルもガビアルも、四肢にははっきりと指があるし、尾にはひれはない。
　水槽の中にいるこの動物の名前は、メトリオリンクス・スペルキリオスス（*Metriorhynchus superciliosus*）。広義のワニにあたる「ワニ形類」の一員だ。
　細長い吻部、ひれ脚、尾びれ……これらはいずれも水棲適応の証。そして、背中に鱗板骨（一般的なワニ類の背中にあるゴツゴツした鱗）がないことから、この動物の水棲適応の程度がわかる。本来、鱗板骨は身を守ることに役立つ"鎧"である。しかしその分、からだが"硬く"なり、動きを抑制してしまう。鱗板骨がないということは、防御性能は下がるものの、しなやかにからだをくねらせることができたことを意味している。泳ぐためには大事な特徴だ。
　完全に水棲適応したワニ。それがメトリオリンクスなのだ。現在では水辺の王者たるワニ。"史実"では、かつてその勢力は水中にまで及んでいたことになる。

Guanlong wucaii
【グアンロン】

ジュラ紀の森林

分類	爬虫類 恐竜類 竜盤類 獣脚類 ティランノサウルス類
産出地	中国
全長	3.5m

ジュラ紀
約2億100万年前〜約1億4500万年前

正面　側面

　陥没した道路に見事はまっている恐竜がいた。トサカが目印のこの恐竜の名前は、グアンロン・ウカイ（*Guanlong wucaii*）。こう見えても、あのティランノサウルス・レックス（248ページ参照）の仲間だ。……もっとも、「仲間」とはいっても、ティランノサウルスが登場するまでは、"史実"において8000万年以上の歳月を要する。この数値は、現在から白亜紀後期まで遡る時間に相当するものだ。

　さて、"この世界"において、穴に見事にはまってしまったグアンロン。たいして深くないのだから、早く出ればよいのに、なにやらあしがすくんでいるようだ。いったいどうしたのだろう？　穴が苦手なのだろうか？

　さもありなん。実はグアンロンの化石は、巨大な竜脚類、マメンキサウルス（104ページ参照）がつくったとみられる足跡から発見されている。その足跡は「Death Pits（死の穴）」と呼ばれ、グアンロン2体を含む合計5体分の小型獣脚類の化石がそこに眠っていた。どうやら当時、この足跡には火山灰を含んだ柔らかい砂と泥、そして水が溜まっていたようだ。底なし沼のような状態だったのかもしれない。グアンロンたちは、その穴にはまってしまい、そのままずぶずぶと沈んで命を落としてしまったとみられている。

　そのトラウマが残っているのだろうか？　幸い、この崩落現場は、水もたまっていなければ、砂や泥もたまっていない。彼がその場から逃げ出せるように心を落ち着かせるのも、そう時間はかからないかもしれない。

89

ジュラ紀の水辺

分類	単弓類 獣弓類 哺乳類
産出地	中国
全長	45cm

ジュラ紀
約2億100万年前〜約1億4500万年前

上面

正面　側面

　ビーバーを観察していると、そのとなりに小柄でどことなく愛嬌のある動物がやってきた。どうやらビーバーの仕草を見学し、真似ようとしているみたいだ。その動物は、よく見るとビーバーのように平たい尾をもっている。

　この動物の名前は、カストロカウダ・ルトラシミリス（*Castorocauda lutrasimilis*）だ。ビーバーと同じく、半陸半水の生活をおくる哺乳類（厳密には"広義の哺乳類"にあたる「哺乳形類」）である。史実においては、カストロカウダはジュラ紀の中国に生息していた動物である。

　かつて「恐竜時代の哺乳類は、ネズミのような姿をしていて、ネズミのように小型であり、恐竜の陰に隠れるように暮らしていた」と考えられていた。

　しかし、カストロカウダは現生のビーバーには及ばないものの、約45cmものからだをもつ。とても「ネズミのように小型」と評することはできないサイズだ。また、その姿にも「ネズミのような姿」という表現は当てはまらない。

　2000年代以降、こうした"恐竜時代の新たな哺乳類の化石"の発見が相次いだことで、従来の見方は大幅に修正をせまられることになった。すなわち、恐竜時代の哺乳類はけっしてネズミサイズのようなサイズの種ばかりではなかったのだ。

　カストロカウダはビーバーのように半陸半水生で、ビーバーのような尾をもつ。しかし、両者に祖先・子孫の関係はない。カストロカウダのグループは、子孫を残すことなく滅んでいる。

Volaticotherium antiquum
【ヴォラティコテリウム】

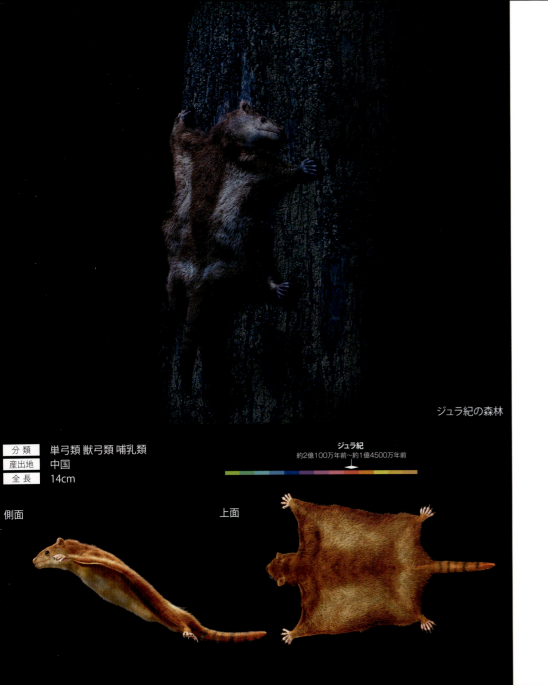

ジュラ紀の森林

分 類	単弓類 獣弓類 哺乳類
産出地	中国
全 長	14cm

ジュラ紀
約2億100万年前〜約1億4500万年前

側面　　　　上面

　女性の手のひらに向けて、1匹の動物がゆっくりと飛んできた。
　四肢を伸ばし、その間に皮膜を広げている。ふらつきながらも、懸命に着陸地点を模索しながらゆっくりと、ゆっくりと……。
　この動物は……モモンガ？　ムササビ？　それともフクロモモンガ？　そう思った人もいるだろう。
　しかしすべて誤りだ。この動物の名前は、ヴォラティコテリウム・アンティクウム（*Volaticotherium antiquum*）。"史実"において、中生代ジュラ紀に生息していた哺乳類で、現生のモモンガやムササビとは祖先・子孫の関係にはない絶滅種である。
　ヴォラティコテリウムの全長12〜14cmという大きさは、ニホンモモンガの小さな個体と同じくらい。ただし、ヴォラティコテリムの体重は70gと見積もられており、ニホンモモンガよりかなり軽い。化石の分析結果によると、ヴォラティコテリウムはさほど飛行が得意ではなかったようで、空を飛ぶとはいってもそれは滑空移動がメイン。現生のコウモリがするように、獲物を追いかけて軌道を大きく変えるようなことはできなかったとされる。ちなみに主食は昆虫だったようだ。
　現生の滑空性哺乳類の多くがそうであるように、ヴォラティコテリウムも夜行性だった可能性が高い。恐竜たちが寝静まった森で、樹木から樹木へと静かに滑空する姿があったのだろう。

93

Stegosaurus stenops
【ステゴサウルス】

ジュラ紀の森林

分類	爬虫類 恐竜類 鳥盤類 装盾類 剣竜類
産出地	アメリカ
全長	6.5m

ジュラ紀
約2億100万年前～約1億4500万年前

正面　　上面

　中部地方のある地域では、合掌造りが数多く残り、日本の原風景として国内外から多くの観光客が訪れる。数年前からは、恐竜たちとのコラボイベントとして、ある季節におとなしい植物食恐竜を村内に放つようになった。とくに、合掌造りの屋根をキーワードに呼んだステゴサウルス・ステノプス（Stegosaurus stenops）は、人気の恐竜の一つだ（「ステゴ（Stego）とは、「屋根」という意味であるし、何よりも背中に並ぶ骨板が合掌造りによく合う）。
　今も一人の女性が村内を散歩していると、1頭のステゴサウルスが寄ってきた。女性の前で歩みを止める。すると、骨板がゆっくりと赤色に染まっていく。
　「わぁ」
　その美しい変化に思わず見惚れてしまう。そんな光景を見ることができたあなたは、ラッキーかもしれない。
　ステゴサウルスの骨板は、その表面に細い血管があったことがわかっている。よく知られる説では、骨板を日光に当てることで血管を温めて体温を上昇させ、風に当てることで体温を下げていたというものがある。
　一方で、その血管を流れる血液の量を調整することで、骨板の色を変えることができた可能性も指摘されている。色を変える理由の一つとしては、いわゆる「ディスプレイ」がある。この個体は、女性に何かアピールしたかったのかもしれない。なお、実際にステゴサウルスの放し飼いをしている村は存在しないので、ご注意を。

分類	爬虫類 恐竜類 鳥盤類 装盾類
産出地	アメリカ、中国
全長	本文参照

ジュラ紀
約2億100万年前～約1億4500万年前

「さあ、お昼の時間だよーっ」
　少女がシダの葉を振ると、村内にいた植物食恐竜たちが集まってきた。
　この一画で放し飼いにされていたのは、ステゴサウルス・ステノプス（94ページ参照）とその仲間たちで、順番に追うことで剣竜類の"進化の系譜"をたどることができるとされる。
　少女のそばにいち早くやってきたのは、全長1.3mほどの小柄な恐竜、スクテロサウルス・ローレリ（*Scutellosaurus lowleri*）だ。最も原始的とされる装盾類の１種である。「装盾類」とは、ステゴサウルスのような剣竜類と、アンキロサウルス（240ページ参照）のような鎧竜類をあわせたグループだ。スクテロサウルスは、そのグループの"根っこ"の近くに位置しており、まだ剣竜類とも鎧竜類ともいえない存在である。
　次いでやってきたのは、スクテロサウルスよりは"進化的"だけれども、スクテロサウルスと同じように剣竜類とも鎧竜類ともいえないスケリドサウルス・ハーリソニイ（*Scelidosaurus harrisonii*）。"史実"では、この種の出現ののちに、剣竜類と鎧竜類は袂を分かつ。
　後列中央に位置しているフアヤンゴサウルス・タイバイ（*Huayangosaurus taibaii*）は、剣竜類としては原始的で、背の骨板はまだ幅が広くない。後列右にのっそりとやってきたトゥジャンゴサウルス・ムルティスピヌス（*Tuojiangosaurus multispinus*）の骨板は高さがあり、幅が広くなる。そして、後列左のステゴサウルスとなる。サイズと骨板の変化、ご確認いただけただろうか。

97

剣竜類たち

フアヤンゴサウルス・タイバイ
Huayangosaurus taibaii
ジュラ紀中期　バトニアン～カロビアン？
（約1億6800万年前～約1億6400万年前？）

スケリドサウルス・ハーリソニイ
Scelidosaurus harrisonii
ジュラ紀前期　シネムーリアン
（約1億9900万年前～約1億9100万年前）

スクテロサウルス・ローレリ
Scutellosaurus lowleri
ジュラ紀前期　シネムーリアン or プリエンスバッキアン
（約1億9900万年前？～約1億8300万年前？）

トゥジャンゴサウルス・ムルティスピヌス
Tuojiangosaurus multispinus
ジュラ紀後期　オックスフォーディアン?
(約1億6400万年前〜約1億5700万年前)

ステゴサウルス・ステノプス
Stegosaurus stenops
ジュラ紀後期　オックスフォーディアン〜キンメリッジアン
(約1億6400万年前〜約1億5200万年前)

Leedsichthys problematicus
【リードシクティス】

分類	条鰭類
産出地	フランス
全長	16.5m

ジュラ紀
約2億100万年前～約1億4500万年前

側面

正面

ジュラ紀の海

　リードシクティス・プロブレマティクス（*Leedsichthys problematicus*）。史上最大の条鰭類である。

　史上最大の条鰭類であり、史上最大の硬骨魚類でもある。条鰭類は、マグロやイワシなどを含むサカナのグループ。硬骨魚類は、条鰭類の他にもシーラカンスに代表される肉鰭類などを含むより広いグループ。その硬骨魚類の中でもリードシクティスのサイズはずば抜けている。

　しかし、サカナたち全体をみたときにもリードシクティスが最大であるかというと、これが少し悩ましい。軟骨魚類のジンベイザメの全長が18mに達するのだ。

　「悩ましい」というのは、実はリードシクティスの全長がはっきりしていない。全身がまるごと残った化石は発見されておらず、部分化石からの推測となるからだ。今回採用したサイズは、そうした推測値の一つにすぎない。推測値の中には全長27mというものもあり、もしもその値が正しければ、リードシクティスは間違いなく「史上最大のサカナ」ということになる。……正しければ。

　ジュラ紀の海に生息していたこの巨大な条鰭類。現代社会でヒトと共演させようとしてもこの通り。競泳用プールでさえギリギリな存在感である。ちょっと共に泳ぐことは難しそうだ。

Sinraptor dongi

【シンラプトル】

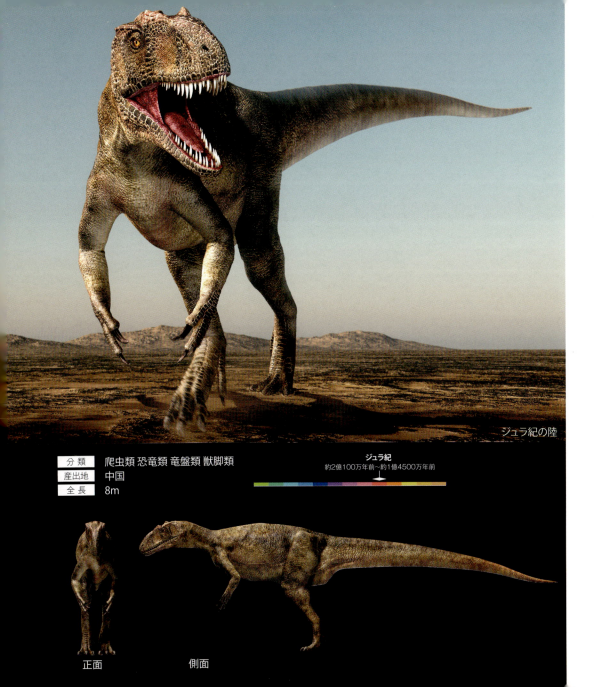

ジュラ紀の陸

分類	爬虫類 恐竜類 竜盤類 獣脚類
産出地	中国
全長	8m

ジュラ紀
約2億100万年前〜約1億4500万年前

正面　側面

　シルクロードを歩くラクダの隊商。そんな彼らをまるで護衛するかのように、先頭を1頭の肉食恐竜が歩いている。その肉食恐竜の名前は、「シンラプトル・ドンイ（*Sinraptor dongi*）」。中国を代表する恐竜の一つだ。
　日本の25倍を超える面積をもつ中国は、各地からさまざまな恐竜化石が産出している。その中でも、とくにジュラ紀の化石産地としてよく知られるのは「ジュンガル盆地」だ。ジュンガル盆地は北京から西へ約2400km離れた場所にある都市、ウルムチを区都とする新疆ウイグル自治区にある。この自治区だけでも、日本の4倍以上の面積がある。そして、新疆ウイグル自治区の各都市は、古来より中国とヨーロッパを結ぶシルクロードの要衝として注目されてきた。現在でも、これこの通り。幼いころから育て上げた強力な肉食恐竜に護衛させ、商人たちがラクダを使って物資を運んでいる。
　"史実"におけるシンラプトルは、肉食恐竜としては、いわゆる「ジュラ紀最大級」の一つ。北アメリカで栄えたアロサウルス（114ページ）に近縁で、全体的に細身であること、前脚が長いことなど、似ている点が多い。栄えていた時期もほぼ同じである。
　さて、残念ながら、シルクロードをいかに旅しても、飼育されたシンラプトルに出会うことはできないだろう（……おそらく、きっと）。もしもあなたが、シンラプトルの隊商に出会ったら、まず最初にすべきことは、自分自身が善良なる旅人であることを証明することだ。

Mamenchisaurus sinocanadorum
【マメンキサウルス】

ジュラ紀の森林

分類	爬虫類 恐竜類 竜盤類 竜脚形類 竜脚類
産出地	中国
全長	35m?

ジュラ紀
約2億100万年前～約1億4500万年前

上面

側面

　すべての恐竜類の中で、「最も長い首」をもつとされるマメンキサウルス・シノカナドルム（*Mamenchisaurus sinocanadorum*）。この恐竜を現代世界に放つとすれば、やはりキリンのいる光景がよく似合う。

　……とはいえ、「首が長い」が共通項であるとはいっても、その内実はかなり異なる。キリンの首が7個の頸椎からつくられていることに対して、マメンキサウルスの頸椎は実に19個に及んでいたとされる。

　キリンに限らず、哺乳類の頸椎は基本的に7個だ。一部の種で癒合している場合もあるけれど、これは哺乳類に共通する特徴の一つ。もちろん、ヒトの頸椎も7個である。キリンの首が長いのは、個々の頸椎が長いためだ。

　一方、マメンキサウルスの属する竜脚形類というグループは、頸椎の数が多く、その数は種によって異なる。同じ「長い首」であっても、その長さの基本となる"コンセプト"がキリンとは異なるのである。なお、「頸椎の数が多い ⇒ 首が長い」というつくりは、182ページなどで紹介しているクビナガリュウ類などと共通する。

　さて、首の長い竜脚形類にあっても、マメンキサウルスはとくに長い首をもつことで知られる。複数種が確認されており、マメンキサウルス・シノカナドルムにおいては、実に全長の半分が首であるという。ただし、実際に発見されている化石は極めて部分的で、全長値を含めて今後の研究による多少の変動があるかもしれない。

ジュラ紀の水辺

分類	爬虫類 恐竜類 竜盤類 竜脚類
産出地	ドイツ
全長	5.7m

ジュラ紀
約2億100万年前〜約1億4500万年前

側面

シカに餌（鹿せんべい）をやっていると、竜脚類が寄ってきた。馴れているのか、シカたちは逃げるどころか気にするそぶりも見せない。どうやらこの公園で、シカとともに餌をもらうことは、シカたちにとっても、この竜脚類にとっても、珍しいことではないらしい。

それにしても小さな"コ"だ。さすがにシカよりは大きいが、ヒトの身長とさして変わらない"体高"。竜脚類といえば、大型恐竜の代名詞ともいえるだけに、このサイズは実に愛らしい。

「おー、よしよし。お母さんとはぐれたのかい？ 鹿せんべいを食べたら、係員さんにお願いしてお母さんを探してもらおうか」

世話好きなあなたは、思わず、そう声をかけてしまうかもしれない。

しかし、それは誤解というもの。この竜脚類は、こう見えて立派な成体なのだ。つまり、この個体が幼い故に小さいわけではなく、種として小型なのである。その名を、エウロパサウルス・ホルゲリ（*Europasaurus holgeri*）という。「Europa」が示すように、本来はヨーロッパの恐竜だ。

"史実"において、エウロパサウルスはジュラ紀のドイツに生息していた。当時のドイツには、小さな島がたくさんあり、そうした島の一つで暮らしていたとみられている。小さな島では、大型の動物たちは進化するにつれて小型化（矮小化）する傾向があり、エウロパサウルスは、その例の一つであるとみられている。

Fruitafossor windscheffeli
【フルイタフォッソル】

分類	単弓類 獣弓類 哺乳類
産出地	アメリカ
頭胴長	7cm

ジュラ紀
約2億100万年前〜約1億4500万年前

上面

側面

ジュラ紀の陸

「どう？　うちのコたち」

そう見せられたのは、手のひらに乗るネズミたち。ネズミ2匹に……ん？　緊張しているのか、四肢を突っ張っている感のある動物が1匹。これは……ネズミじゃないよね？

「ん？　ああ、これ。フルイタフォッソル。可愛いでしょ？」

友人は屈託のない笑顔でそう紹介する。

フルイタフォッソル・ウインズチェッフェリ（*Fruitafossor windscheffeli*）。前足の4本の指にある鉤爪が特徴の哺乳類。この爪を使って穴を掘ることが好きなコである。

"史実"におけるフルイタフォッソルは、ジュラ紀後期のアメリカに生息していた。その化石がみつかる地層からは、他にもアロサウルス（114ページ）やステゴサウルス（94ページ）などの化石がみつかっている。つまり、フルイタフォッソルは、これらの恐竜たちの足元に暮らす小さな哺乳類だった。

フルイタフォッソルは、エナメル質のない杭のような形をした歯をもっていた。この歯の形と前足の鉤爪から、土を掘ってアリを探し、食べていたのではないかとみられている。歯の形も、前足の鉤爪も、アリ食で知られる現生のツチブタのものとよく似ているのだ。ただし、これはあくまでも「形が似ている」というだけで、フルイタフォッソルと現生の哺乳類の間には、祖先・子孫の関係はない。フルイタフォッソルは、絶滅した哺乳類グループに属しているのである。

109

Apatosaurus excelsus
【アパトサウルス】

ジュラ紀の森林

分類	爬虫類 恐竜類 竜盤類 竜脚形類 竜脚類
産出地	アメリカ
全長	22m

ジュラ紀
約2億100万年前～約1億4500万年前

上面

側面

　どことなく牧歌的な光景が似合うこの恐竜の名前は、アパトサウルス・エクセルスス（Apatosaurus excelsus）という。"典型的な竜脚類"である。

　竜脚類といえば、長い首、長い尾、太い四肢をもつ植物食の恐竜グループだ。いわゆる「巨大恐竜」といわれる種が多く属し、30m超級の超大型種も確認されている。

　もっともそうした超大型種は、実際には限られており、多くの種の全長は、20m前後である。その意味でアパトサウルスは「典型的」といえるだろう。もしも、「代表的な竜脚類といえば？」と尋ねられたらアパトサウルスを紹介しておけば、まあ、まず間違いはないはず。

　一定以上の世代の方々には、「アパトサウルス」という名前は聞きなれないかもしれない。この恐竜、実はかつて抜群の知名度を誇っていた「ブロントサウルス（Brontosaurus）」と呼ばれていた種類を含む。もともと別の恐竜として報告されていたが、研究によって同種であると指摘され、先に命名されたアパトサウルスにその名が統合されていた。ただし、近年になってやはりアパトサウルスとブロントサウルスは別種ではないかという指摘もあり、その場合、アパトサウルス・エクセルススはブロントサウルス・エクセルススに"返り咲く"ことになる。

　名前（分類）がどちらになるにしろ、こうして電車の車窓から生きた竜脚類を見ることができるのなら、ぜひ、その鉄道に乗ってみたいものである。

ジュラ紀の森林

分 類	爬虫類 恐竜類 竜盤類 竜脚形類 竜脚類
産出地	アメリカ
全 長	15m

ジュラ紀
約2億100万年前〜約1億4500万年前

側面

　工事現場が似合う恐竜はいろいろといるだろう。その中でも、このカマラサウルス・レントゥス（*Camarasaurus lentus*）はなかなかのものといえる。こうやって、重機と並んで待機していると、妙にしっくりくるのだ。

　110ページで紹介したアパトサウルスや、126ページのディプロドクスと同じく、カマラサウルスもまた代表的な竜脚類（りゅうきゃくるい）の一つ。ジュラ紀のアメリカで繁栄し、多くの化石がみつかっている。

　カマラサウルス・レントゥスを含むカマラサウルス属の種は、大きくても全長20mに及ばない。そのため、アパトサウルスやディプロドクスと比べるとやや小柄な印象を受けるかもしれない。

　ただし、たとえば、カマラサウルス・レントゥスの「15m」という数字だけでも、のちの時代に出現する、かの有名な大型肉食恐竜ティランノサウルス（248ページ参照）を上回るサイズだ。同時代の肉食恐竜として有名なアロサウルス（114ページ参照）と比べても、その2倍近い値である。アパトサウルスなどで麻痺していたサイズ感を、良い機会なので、ここで取り戻してみてはいかがだろう。

　全長値が短い理由は、いろいろとある。そもそも全体的に小柄であり、そして、首や尾も竜脚類として特別に長い方ではない。頭部もアパトサウルスなどと比べれば寸詰まりである。

　"短い首"がなんとなく安心感を与え、重機と並んだときのしっくり感を演出しているのかもしれない。実際に何tまで持ち上げることができるかはわからないけれど。

113

Allosaurus fragilis
【アロサウルス】

分 類	爬虫類 恐竜類 竜盤類 獣脚類
産出地	アメリカ
全 長	8.5m

ジュラ紀
約2億100万年前〜約1億4500万年前

側面

正面

ジュラ紀の森林

　ある森には、恐竜が気ままに散歩する小径が存在するという。基本的には小型種のためのものではあるが、この日はアロサウルス・フラギリス（Allosaurus fragilis）が散歩中だった。

　アロサウルスは8.5mというなかなかの巨体の持ち主。恐竜類全体としては中型の部類だけれども、獣脚類というグループ内では十分大型である。ただし、全体としてはほっそりとしたからだつきで、森の中の細い道を歩いていても、ほら、ご覧の通り、あまり違和感はない。

　アロサウルスは「ジュラ紀最大級の肉食恐竜」として名高い。実際、ジュラ紀において、アロサウルスを上回る巨体をもつ肉食恐竜の化石はほとんどみつかっていない。

　ただし、これはあくまでも「ジュラ紀」という時代においての話であり、次の時代である「白亜紀」になると、アロサウルスを上回る肉食恐竜はいくつも報告されている。

　同じように"時代の帝王"といわれるティラノサウルス（248ページ参照）と比較すると、アロサウルスの特徴がよくわかる。データ面で比較するとアロサウルスはティラノサウルスよりも3m以上小さく、4t以上軽いのである。スリムであり、小柄なのだ。また、歯に着目すると、アロサウルスのそれは薄く、ティラノサウルスのような強さはなかった。アロサウルスの歯は、ティラノサウルスのように獲物を骨ごと噛み砕くのではなく、肉を切り裂くことに向いていたとされる。

ジュラ紀の水辺

分類	爬虫類 恐竜類 竜盤類 獣脚類 鳥類
産出地	ドイツ
翼開長	70cm

ジュラ紀
約2億100万年前～約1億4500万年前

正面　　側面

　カラスがいるような身近な池だ。たまには、そんな池をぼんやりと見る日があってもいいはずだ。
　ふと、カラスの脇に1羽の鳥がやってきた。黒色と白色のからだ。カラスとさして変わらぬ大きさ。
　「なんだ、珍しい鳥だな」
　そう思って……それでもまだ眺め続けるか、それとも興味をもって図鑑を開き、種名を探してみるか。その選択肢は、あなたの人生の分水嶺になるかもしれない。
　図鑑は鳥類図鑑ではなく、古生物系の図鑑を用意しよう。そうした図鑑には、この鳥は必ず載っている。
　アルカエオプテリクス・リトグラフィカ（Archaeopteryx lithographica）。いわゆる「始祖鳥」だ。古生物学史どころか、科学史にその名を残す"特別な鳥"だ。その「生きている個体」を発見したとしたら、あなたは一躍世界的な有名人になるだろう。
　さて、実際のところ、始祖鳥の飛行能力についてはよくわかっていない。羽ばたく筋肉は発達していなかったとされるが、脳や腕の骨は飛行向きだったとみられている。
　なお、この黒と白の色については、古生物のからだの色の中では例外的に解明されているものの一つ。まったくの想像ではなく、当たらずとも遠からずのカラーリングであるとみられている。

Rhamphorhynchus muensteri
【ランフォリンクス】

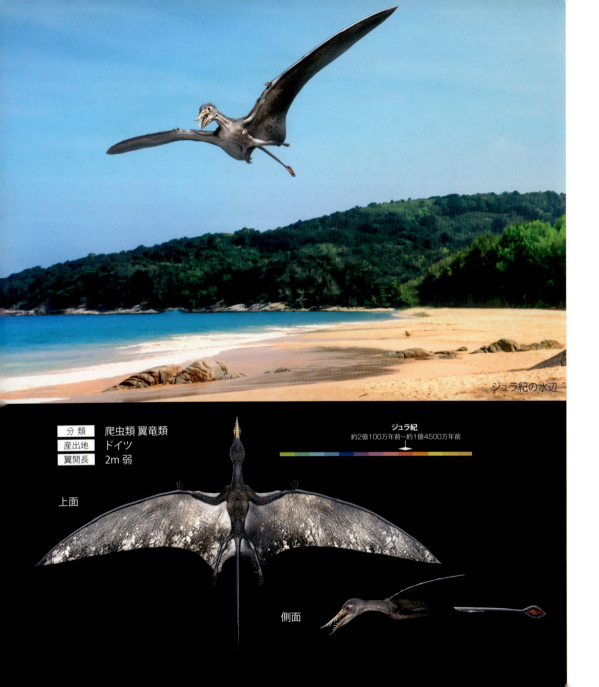

ジュラ紀の水辺

分類	爬虫類 翼竜類
産出地	ドイツ
翼開長	2m弱

ジュラ紀
約2億100万年前～約1億4500万年前

上面

側面

　ドイツを旅するのであれば、やはりビールは欠かせない。全国各地に醸造所があり、地域によっては店ごとに異なるビールを味わうことができる。とくに南部のミュンヘンで毎年秋に開催されているオクトーバーフェストは有名だ。しかし、その祭典に参加しなくても美味しいビールを味わうことができる場所はたくさんある。

　ドイツ南部といえば、もう一つの見所は"ゾルンフォーフェンの動物たち"。始祖鳥（116ページ参照）をはじめ、さまざまな動物がこの地域と縁が深い。このパブでも、"看板翼竜"としてランフォリンクス・ムエンステリ（*Rhamphorhynchus muensteri*）が飼育されている。ゆっくりとビールを味わっていたら、この通り。自分にも一口よこせとやってくる。

　さて、現実世界においては、ゾルンホーフェンは世界的によく知られる「化石鉱脈」（例外的に保存の良い化石が多産する地層）だ。ジュラ紀の古生物の代表的な化石産地として知られている。

　"史実"におけるランフォリンクスは、58ページで紹介したエウディモルフォドンと同じタイプの翼竜類。すなわち、頭が小さく首が短く、尾が長い。ただし、翼開長でみると、エウディモルフォドンの倍ほどもあった。

　現実世界ではミュンヘン近郊であろうとなかろうと、ランフォリンクスが飼育されているパブは、存在しないはずなので、ご注意。また、どんなに美味しそうに見えても、お酒は20歳を過ぎてから。

Ctenochasma elegans 【クテノチャスマ】

ジュラ紀の空

分類	爬虫類 翼竜類
産出地	ドイツ
翼開長	1.5m

ジュラ紀
約2億100万年前〜約1億4500万年前

正面　　　　　側面

さあ、掃除を始めるか。

そう気合を入れていると、店の"看板翼竜"がやってきた。

「何か手伝おうか」

言葉こそ発しないものの、そんな目線で見上げてくる。この翼竜の名前をクテノチャスマ・エレガンス（*Ctenochasma elegans*）という。

翼竜類は、その姿形から大きく2つのタイプに分けられる。118ページのランフォリンクスのように「頭部が小さく、尾の長いタイプ」と、クテノチャスマのように「頭部が大きく、尾の短いタイプ」だ。「頭部が小さく、尾の長いタイプ」の方が、"史実"における早期に出現し、「頭部が大きく、尾の短いタイプ」がのちに現れた。基本的に、「頭部が大きく、尾の短いタイプ」はからだが大きなものが多い。ただし、クテノチャスマは「頭部が大きく、尾の短いタイプ」としては早期に出現し、小型だった。

クテノチャスマの最大の特徴は、その口にある。細い歯が実に260本も並び、口の外に出るように伸びていたのである。まるで、デッキブラシのような顔つきだ。

本来であれば、この歯は「漉し取る」ために使われていたとみられている。水中で口を開いて、エビや小魚を捕まえて、水だけを口の外へ流し出す。そんな役割を担っていたとされる。

たしかにデッキブラシを想像させる顔つきだけど、床を磨けるわけではないし……さて、何を手伝ってもらおうか。

121

ジュラ紀の陸

分類	爬虫類 竜盤類 竜脚形類 竜脚類
産出地	タンザニア
全長	23m

ジュラ紀
約2億100万年前～約1億4500万年前

側面

　アーチが美しい橋だ。夕焼けもあいまって、幻想的な景色を作り出している。
　そんな景色に恐竜がやってきたらどうだろう。アーチ部分との高さもバッチリ。非現実的といってよい独特の空気が生まれること、間違いない。この場に遭遇できたのなら、あなたはとてもラッキーだ。
　橋に見惚れているようにも見えるこの恐竜の名前は、ギラファッティタン・ブランカイ（*Giraffatitan brancai*）だ。かつて、ブラキオサウルス（*Brachiosaurus*）の名前で「巨大恐竜の代名詞」としてその名を馳せた植物食恐竜の一つである。「ギラファッティタン」は知らなくても、「ブラキオサウルス」は知っている。そんな人も多いだろう。
　ブラキオサウルスの名前をもつ種は、ブラキオサウルス・アルティソラックス（*B. altithorax*）とブラキオサウルス・ブランカイがあり、このうち「ブラキオサウルス」という恐竜の復元は、主にブランカイでなされてきた。しかし近年は、ブラキオサウルス・ブランカイをブラキオサウルスの仲間（属）から独立させて、「ギラファッティタン・ブランカイ」と呼ぶことが多くなっている。
　さて、ギラファッティタンだ。この恐竜は前脚が後ろ足よりもかなり長いことが特徴。必然的に背中は斜めとなり、首もその延長線として高い位置に上げて復元されることが多い。"身長"の高い恐竜としてよく知られている。

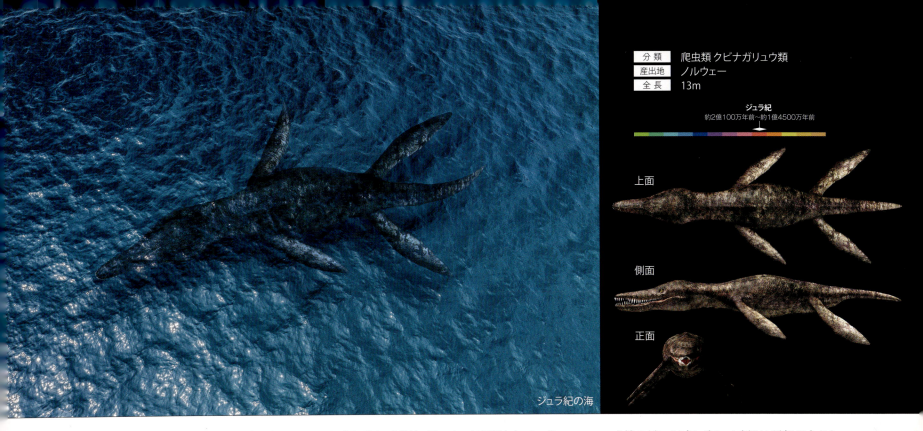

ジュラ紀の海

分 類	爬虫類 クビナガリュウ類
産出地	ノルウェー
全 長	13m

ジュラ紀
約2億100万年前〜約1億4500万年前

上面

側面

正面

　スペインの首都マドリードでは、最近、あるバスが話題になっている。そのバスは、屋根の上に、プリオサウルス・フンケイ（*Pliosaurus funkei*）を乗せているのだ。

　プリオサウルス・フンケイは、いわゆる「クビナガリュウ類」の1種。……みなさんからの「いやいや、首が長くないじゃないか」というツッコミが聞こえてきそうだ。

　たしかに、プリオサウルスの首は長くない。しかし、クビナガリュウ類にはこうした「首の短いクビナガリュウ類」がいくつも確認されている。そもそも「クビナガリュウ類」という日本語は、「フタバスズキリュウ」の和名で知られるフタバサウルス（182ページ参照）の発見によってつくられた言葉であり、英語で同じグループを意味する「Plesiosauria」という単語には首の長短に関する意味はない（「トカゲ（爬虫類）に似た」という意味である）。したがって、「首の短いクビナガリュウ類」が存在すること自体にはさほど不思議はないのである。

　"首の長いクビナガリュウ類"は頭部が小さく、捕食者としては相手が限定されることに対し、プリオサウルスはこのとおり。明らかに大型の獲物を狩ることができるがっしりとした頭部をもっていた。一目で見てわかる「覇者級」といえる。

　あ、ご注意いただきたい。実際にマドリードに行っても、こんな珍妙な光景に出会うことはない（念のため）。

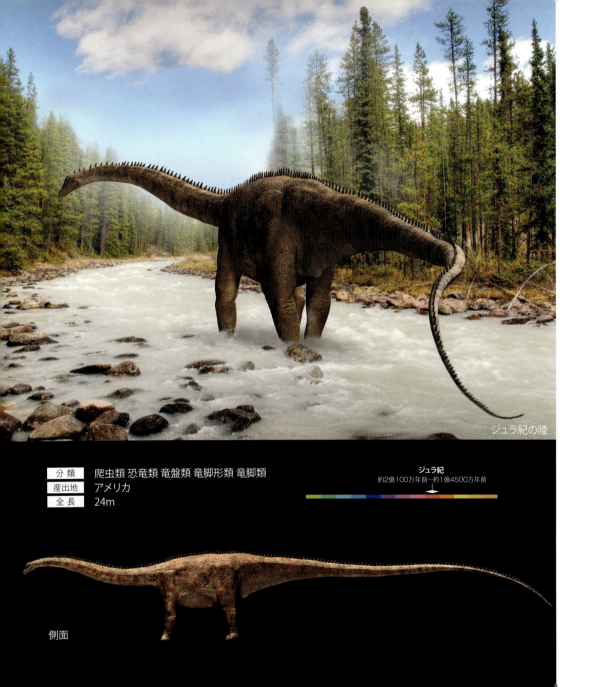

ジュラ紀の陸

分類	爬虫類 恐竜類 竜盤類 竜脚形類 竜脚類
産出地	アメリカ
全長	24m

ジュラ紀
約2億100万年前～約1億4500万年前

側面

　世界史を紐解くと、「実業家」と呼ばれる人物は無数に登場する。その中に「鉄鋼王」と呼ばれる人物がいる。それは、アンドリュー・カーネギー。19世紀から20世紀初頭に活躍した実業家である。

　カーネギーは、図書館や博物館などにその資産を投じたことでも知られる。アメリカ、ニューヨークにあるカーネギー・ホール（演奏会場）もその一つ。

　そして、「カーネギー」つながりで、今、ホールの前に1頭の竜脚類（りゅうきゃくるい）がやってきた。この竜脚類の名前は、ディプロドクス・カーネギーアイ（Diplodocus carnegii）。もちろん、この名前も発掘を援助した鉄鋼王にちなむもの。なお、ディプロドクス属には、ディプロドクス・カーネギーアイ以外にも、複数の種が報告されている。

　ディプロドクスは、扁平な顔つきで、口には鉛筆のような歯が並ぶことを特徴とする。前脚が後ろ脚よりも短く、重心が後ろ脚に近い位置にある。そのため、後ろ脚と尾を使うことで"立ち上がる"こともできたという見方もある。尾は長く、強力な鞭として使われていたのではないか、といわれている。

　ディプロドクス・カーネギーアイの大きさは24mほどだけれども、ディプロドクスの仲間には「史上最大級ではないか」とされる種がいくつかいる。たとえば、全長35mともいわれているスーパーサウルス（Supersaurus）はディプロドクスの大きな個体ではないか、と指摘されている。

127

白亜紀 前期

Early Cretaceous period

Berriasian
Valanginian
Hauterivian
Barremian
Aptian
Albian

中生代第３の時代である白亜紀。約１億4500万年前に始まって、約6600万年前まで続きました。その間は実に7900万年間。先カンブリア時代エディアカラ紀以降に設定されている13の時代の中で最も長い期間です。三畳紀の1.5倍強、ジュラ紀の1.4倍強に相当します。そんな白亜紀は、約１億100万年前を境として「前期」と「後期」に分けられます。

白亜紀前期は、後期ほどの情報がありません。世界を見渡しても、白亜紀前期の地層があまり残っていない（調べられていない）ことがその原因です。しかしアジア、とくに日本にはそうした白亜紀前期の地層があり、さまざまな化石がみつかっています。この時代、とくに日本の古生物たちに注目してください。

白亜紀の森林

分類	爬虫類 恐竜類 竜盤類 獣脚類 ティランノサウルス類
産出地	中国
全長	1.6m

白亜紀
約1億4500万年前～約6600万年前

上面

側面

正面

「いいなあ、オレもあれくらい大きなからだが欲しいなあ」

……カレがそう思っているかどうかは定かではない。

1枚の絵画に見惚れているこの小さな恐竜は、ディロング・パラドクサス（*Dilong paradoxus*）だ。そして、絵画の中の恐竜は、ティランノサウルス・レックス（248ページで紹介）である。

ディロングは、ティランノサウルス・レックスと同じティランノサウルス類の恐竜だ。本書には、同じグループの恐竜として、ほかにもグアンロン（88ページ）、ユティランヌス（146ページ）、ライスロナクス（200ページ）、アルバートサウルス（232ページ）などが収録されている。ディロングはこれらのティランノサウルス類の中では、最も小さい。

小さいだけではない。ディロングは、ティランノサウルス・レックスと比べると、全身に占める首の割合が大きい（つまり、首が長い）という特徴もある。前脚も長い。前脚の指は3本指で、これもティランノサウルス・レックスが2本指であることと異なる点だ。

また、おそらく全身を羽毛が覆っていたとみられている。小さな体は熱を逃がしやすいため、羽毛は保温という点で一役買っていたのにちがいない。

カレのあこがれのサイズは、その"子孫たち"で実現することになる。

Eomaia scansoria
【エオマイア】

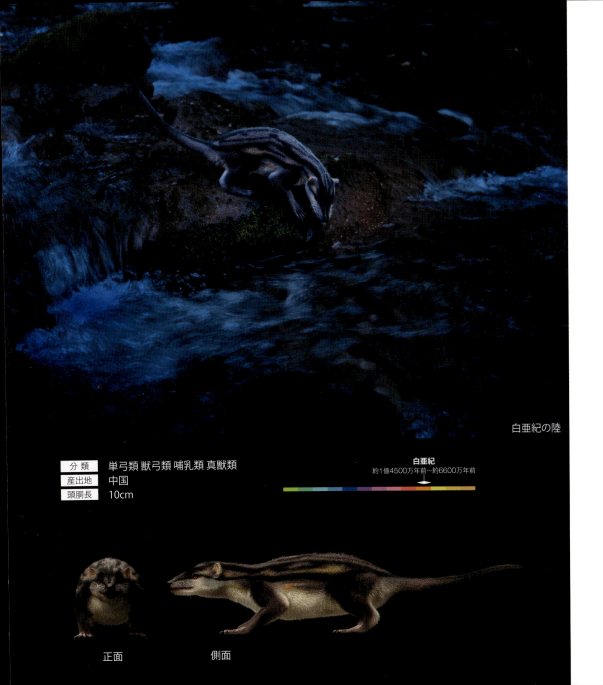

白亜紀の陸

分類	単弓類 獣弓類 哺乳類 真獣類
産出地	中国
頭胴長	10cm

白亜紀
約1億4500万年前〜約6600万年前

正面　　側面

　何を見ているの？
　そんな仕草で、女性とともにスマートフォンを覗き込んでいるのは、エオマイア・スカンソリア（*Eomaia scansoria*）だ。微笑ましい一場面といえる。
　さて、この場面を見て、あなたはどのような感想を抱かれただろうか？
　え？　なんだか、ネズミみたい？
　まあ、そう思われるのも無理はない。そして「史実において、この種は恐竜時代の哺乳類である」と聞けば、「ああ、なるほどね」と納得する方も多いだろう。
　たしかに、エオマイアは従来の「恐竜時代の哺乳類」のイメージを体現したような姿をしている。ネズミのような姿、ネズミのようなサイズ。「恐竜の陰にひっそりと隠れ……」という描写がぴったりあう。しかし、こうしたイメージそのものが古いことは、すでにカストロカウダ（90ページ）などで触れたとおりだ。
　……とはいえ、エオマイアは哺乳類史上で、きわめて重要な存在だ。この動物は、哺乳類の中でも「真獣類」に分類され、その"最古の存在"なのだ。中生代に繁栄した哺乳類の多くのグループは、白亜紀末の大量絶滅事件を乗り越えることができなかった。しかし、真獣類はその先に子孫を残すことに成功し、そして現在の繁栄につながっている（ヒトもイヌもネコも、現在の地球上で繁栄する哺乳類の多数派は真獣類である）。

133

Kaganaias hakusanensis
【カガナイアス】

白亜紀の陸

分類	爬虫類 ドリコサウルス類
産出地	日本
全長	50cm

白亜紀
約1億4500万年前～約6600万年前

上面

側面

　週末の趣味として、そば打ちを楽しむ人もいるだろう。そんなとき、家でカガナイアス・ハクサネンシス（*Kaganaias hakusanensis*）を飼育している場合は、注意が必要だ。
　「あれ、なんか違うな」
　そう思っていたら、いつの間にか、麺棒ではなく、カガナイアスで生地を伸ばしているかもしれない。どうやら、コロコロと回転するのが楽しくてしかたないらしく、いつの間にか潜りこんだようだ。
　カガナイアス・ハクサネンシスの「*Kaga*」は「加賀」にちなむ。これは、石川県の旧地名であり、藩名であり、地方名だ（ちなみに、現在の石川県は加賀地方と能登地方で構成されている）。「*naias*」は「水の妖精」を意味している。すなわち、「加賀の水の妖精」という、命名者のセンスが光る名前の持ち主だ。なお、「*hakusanensis*」は霊峰「白山」にちなんだもので、「*ensis*」は地名（男性）の接尾辞である。この名前が示すように、石川県加賀地方、白山にほど近い桑島化石壁で化石がみつかっている。
　カガナイアスを一言で表現すると「胴がやたらと長いトカゲ」。グループとしては「ドリコサウルス類」に属する。ドリコサウルス類はモササウルス類（たとえば、172ページなどを参照）に近縁とされるグループである。"史実"におけるカガナイアスは、ドリコサウルス類において最古級とされ、大きな注目を集めている。

白亜紀の水辺

分類	爬虫類 ワニ形類
産出地	ニジェール、チュニジア、アルジェリア
全長	12m

白亜紀
約1億4500万年前〜約6600万年前

上面

正面　側面

　公園でベンチをみつけると、思わずそこで横になりたくなる。そんな経験、多くの人があるにちがいない。とくに新緑の季節、暑くも寒くもないとあればなおさらだ。

　しかし、気になるのは治安。寝ている間に財布などの貴重品を盗まれないだろうか。その不安が、ベンチでの昼寝をハードルの高いものとしている。

　そんな方におすすめなのは、サルコスクス・インペラトール（Sarcosuchus imperator）とともに寝ることだ。サルコスクスを連れて歩き、そしてともに昼寝する。頭部だけで1.6mというこの動物が脇に寝ていれば、ほら、このとおり。あなたに近づこうという不届きものはそうはいないはず。番犬ならず、"番ワニ"（正確には、サルコスクスは、現生のワニ類とは異なるワニ形類（けいるい）に属する）としての役割をしっかりと果たしてくれるだろう。

　サルコスクスは、全長12m、体重8tという巨体を誇るワニ形類で、「スーパー・クロック（Super Croc：巨大ワニ）」とも呼ばれる。その頭部は吻部（ふんぶ）が現生のガビアルの仲間のように細く長く伸びる。その長さは頭骨全体の4分の3に達する。吻部の先端がわずかに膨らんでいることもポイントで、若い個体ではこの膨らみはさほどではなかったとみられている。ちなみに、全長12mにまで成長した個体は、50歳を超えるという。

137

Cycadeoidea
【キカデオイデア】

白亜紀の陸

分類	裸子植物
産地	アメリカ、フランス、イタリアほか
幹の直径	60cm

白亜紀
約1億4500万年前～約6600万年前

「ヤー、ヤー」

冷えた室内に、鋭い声が響く。

指示を受け、スウィーパーが掃き出した。自身も滑りながら、ものすごい勢いでブラシを動かす。

そうして磨かれた氷上を、ツーっと滑っていくのはストーン……ではない。何やらパイナップルのようにみえる植物だ。

直径は、ストーンと同じくらいだ。しかし、これはいったい何だ？

観客たちもそう思ったかもしれない。この植物の名前は、キカデオイデア（Cycadeoidea）。裸子植物でありながらも、被子植物の花に似た繁殖器官を幹表面にもつ。

"史実"におけるキカデオイデアは、ジュラ紀から白亜紀にかけて世界各地で栄えた植物である。「恐竜時代（中生代）の植物」というと、背の高い裸子植物ばかりが注目を集めがちだ。しかし、恐竜たちの足元を彩るキカデオイデアも忘れてはいけない。中生代における名脇役として欠かせない存在である。

さて、キカデオイデアについては、複数種が存在し、その中にはもっと大きく成長したものもいるとみられている。今回、カーリングのストーンの代わりに用いられているものは、そうした複数種の中の一つではあるが、実はどの種なのかがよくわからない。ここでは一般的とみられるサイズで用意した。その幹の直径は、カーリングのストーンとちょうど良いサイズだ。……もちろん、公式のルールではキカデオイデアの使用は認められていない。残念。

白亜紀の陸

分類	爬虫類 恐竜類 竜盤類 竜脚形類 竜脚類
産出地	アルゼンチン
全長	13m

白亜紀
約1億4500万年前〜約6600万年前

正面

側面

　ステンドグラスが並ぶ廊下。陽の光が、その美しさを際立たせる。思わず、その光景に見とれていると、廊下の奥から竜脚類が歩いてきた。アマルガサウルス・カザウイ（*Amargasaurus cazaui*）だ。

　小さな頭、長い首、太い四肢に長い尾……竜脚類は似たような姿が多い。その上、「大きさ」という点で、アマルガサウルスは中型（その中でもやや小さめ）の部類に入る。104ページで紹介したマメンキサウルスや、160ページのパタゴティタンのような超大型種ではなく、106ページで紹介したエウロパサウルスのような小型種でもない。つまり、大きさという点でも、アマルガサウルスはけっして目立つ存在ではない。

　しかし、アマルガサウルスは一目見てそれとわかる。首から背にかけて、椎骨から長くて細いトゲがのびているのだ。竜脚類の中でも際立った存在感を放っているといえるだろう。

　このトゲの役割についてはよくわかっていない。「首」という、動物の弱点を守る部位に並んでいることから、防御のためではないか、という意見もある。しかし、このトゲは細くて、防御用としてはどこまで役に立ったのかは謎とされる。隣り合うトゲをぶつけ合い、意図的に音を出していたのではないか、という見方もあるが、これも定かではない。

　……とはいえ、なんとなくステンドグラスの荘厳さと調和的な恐竜だ。ここは1歩引いて、その姿を鑑賞するとしよう。

Sinosauropteryx prima
【シノサウロプテリクス】

白亜紀の森林

分 類	爬虫類 恐竜類 竜盤類 獣脚類
産出地	中国
全 長	1m

白亜紀
約1億4500万年前〜約6600万年前

側面

　座り込むワオキツネザルを撮影しようとカメラを構えていたら、何やら小型の恐竜がやってきた。全身を短い羽毛で覆い、茶色の背中に白い腹、尾にはワオキネザル同様の縞模様が存在し、よく見ると眼の周りもワオキツネザルほどではないにしろ黒くなっている。この恐竜の名前をシノサウロプテリクス・プリマ（*Sinosauropteryx prima*）という。

　シノサウロプテリクスは、一見すると、地味で小さな羽毛恐竜だ。長い爪をもつわけでもないし、変わった翼があるわけでもない。しかし、古生物学史上において、この恐竜は記念碑的な意味をもっている。今日こそ、図鑑を開けば多くの恐竜に羽毛が描かれているが、その最初の1種となったのが、この恐竜である。1996年、羽毛が確認できる恐竜としてシノサウロプテリクスが報告された。そして、この恐竜以降、羽毛恐竜の発見とその報告が相次ぐようになった。

　シノサウロプテリクスは、良質な標本が発見されており、その分析からさまざまなことがわかっている。一般に、恐竜類に限らず、ほとんどの古生物は化石に色や模様が残らない。しかし、ごく稀に往時の色を推測できるものがある。シノサウロプテリクスはまさにそんな"稀な恐竜"の一つ。上で紹介したカラーパターンは、2017年に発表された研究で、すべて科学的な根拠にもとづいて推測されているものである。

　それにしても、このシノサウロプテリクス。ワオキツネザルの尾の縞模様あたりに親近感でも抱いてるのだろうか。

Microraptor gui
【ミクロラプトル】

白亜紀の森林

分　類	爬虫類 恐竜類 竜盤類 獣脚類
産出地	中国
全　長	70cm

白亜紀
約1億4500万年前〜約6600万年前

上面

側面

正面

　サンタが恐竜と一緒にやってきたら……きっと子供達は大喜びだろう。そんな未来をめざし、"恐竜使い"としての訓練に勤しむ。今回、彼が相棒に選んだのは、ミクロラプトル・グイ（*Microraptor gui*）だ。

　この羽毛恐竜は、餌をさほど選ばなくてよいことで知られる。小鳥、小魚、小型哺乳類など、基本的に食べられるサイズの獲物は、なんでも食べる。幼体のうちから育て、人の手から餌をもらうことに慣れさせれば、飼育もトレーニングも他の恐竜ほど難しくないかもしれない。

　さて、ミクロラプトル・グイは、恐竜に関する研究史の中で、大きな驚きをもって迎えられた種の一つだ。2003年にこの種が初めて報告されたとき、人々は「後脚の翼」に注目した。現在の鳥類は「前脚の翼」で空を飛ぶ。これは、絶滅鳥類や翼竜類などでも同じであり、後ろ脚に翼をもつ動物は、38ページで紹介したシャロヴィプテリクスぐらいなものだ。ただし、シャロヴィプテリクスが「後翼を主翼」としていることに対して、ミクロラプトルは前脚にもしっかりとした翼があった。この恐竜は、「四翼」の持ち主だったのだ。20世紀末から羽毛をもった恐竜化石の報告が相次ぎ、羽毛恐竜に対して話題が立て続けに発表されていた時期の、ある意味でハイライトだったといってよいだろう。

　もっとも、四翼をどのように使っていたのかは謎に包まれている。ミクロラプトルを飼いならせたとしたら……そのことをいちばん知りたいのは、子供ではなく、研究者かもしれない。

白亜紀の森林

分類	爬虫類 恐竜類 竜盤類 獣脚類 ティランノサウルス類
産出地	中国
全長	9m

白亜紀
約1億4500万年前〜約6600万年前

正面　　側面

　雪の温泉街をのっそりと歩く。そんな光景がよく似合うこの恐竜の名前をユティランヌス・フアリ（*Yutyrannus huali*）という。ティランノサウルス・レックス（248ページ）と同じ「ティランノサウルス類」というグループに属する肉食恐竜で、史実においては、ティランノサウルス・レックスよりも数千万年前のアジアに生息していた。

　近年、多くの恐竜の復元に際して、羽毛を生やした姿で描かれることが多い。ただし、その多くの種は羽毛の化石がみつかっているわけではなく、近縁種で羽毛が発見されているなどの傍証にもとづく。しかし、ユティランヌスはそうした復元とは一線を画している。なにしろ、ほぼ全身に羽毛が確認されているのである。

　羽毛の役割は、第一に体温の保持のため、という見方が有力だ。一方で動物は、基本的にからだのサイズが大きいものほど保温性に優れ、小型種は熱を失いやすいという特徴がある。そのため、恐竜を復元する際、小型種には羽毛があるという見方は有力であるものの、では、いったいどのサイズまでを「羽毛を生やして復元してよいのか」という議論があった。

　そこで、ユティランヌスだ。2012年に報告されたこの恐竜は、全長9mの体格の持ち主。もはや小型ではない。そんな恐竜が羽毛をもっていたことで、大型種も羽毛があった可能性が指摘されるようになった。もっとも、ユティランヌスが生きていた地域は年間平均気温が10℃ほどの寒冷な場所だったらしい。大型種であっても、"羽毛が欲しい環境"だったともいえる。

147

白亜紀の陣

分類	単弓類 獣弓類 哺乳類 真獣類
産出地	中国
頭胴長	80cm

白亜紀
約1億4500万年前～約6600万年前

正面　　側面

　ラブラドール・レトリバーとともに楽しそうに散歩するこの動物は、レペノマムス・ギガンティウス（*Repenomamus gigantius*）という。がっしり頑丈な顎と鋭い歯をもつ哺乳類である。
　"史実"において、レペノマムスは白亜紀に生きていた。
　大型犬サイズの、しかも明らかに肉食とわかる、白亜紀の哺乳類！
　2005年に本種が報告されるまで、白亜紀にいた哺乳類は、恐竜類に比べて"弱者"であるとみられていた。しかし、大型犬サイズで肉食性といえば、もはや弱者とはいえない。近縁でより小型のレペノマムス・ロブストゥス（*Repenomamus robustus*）の化石の腹部には、植物食恐竜の幼体の化石が胴体を切断された状態で確認されている。すなわち、小型のレペノマムス・ロブストゥスでさえ、恐竜（幼体）を襲っていた。大型のレペノマムス・ギガンティウスについては、何をか言わんや、だ。
　恐竜時代の哺乳類は、一方的に恐竜に襲われていた存在ではなかった。そのことをレペノマムスは証明しているのである。
　さて、一般的に大型犬を散歩するときは、その牽引力に注意が必要だ。しかし、レペノマムス・ギガンティウスの体重は、約14kgと中型犬級。散歩に際しては、それほど力を必要としないはず。意外とペットに向いているかもしれない。

149

Tupandactylus imperator
【ツパンダクティルス】

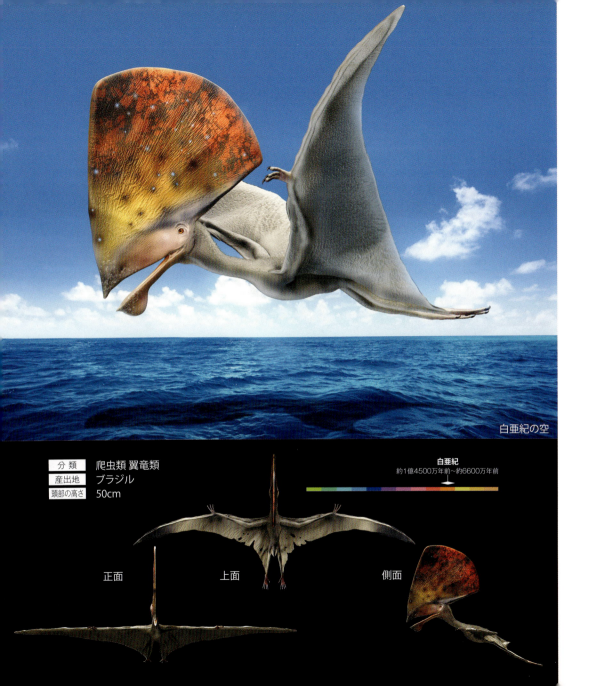

白亜紀の空

分 類	爬虫類 翼竜類
産出地	ブラジル
頭部の高さ	50cm

白亜紀
約1億4500万年前〜約6600万年前

正面　　　上面　　　側面

良い天気。実に洗濯日和だ。

綺麗に洗濯された白いシャツが1枚、2枚、3枚……あれ?

何か妙なものが干されている。

そこにお気づきになられただろうか?

干されている"妙なもの"の正体は、ツパンダクティルス・インペラトール（*Tupandactylus imperator*）。翼竜類だ。嫌がるでもなく、脱力しているその姿を見ると、もしかしてこの翼竜は、干されることを気に入っているのかもしれない。

ツパンダクティルスは、頭部に大きなトサカをもつ翼竜類の代表格だ。翼竜類の中にはトサカをもつものは少なくないけれども、ツパンダクティルスのトサカほど特徴的なものをもつ翼竜類はめったにいない。トサカの高さは50cmに達し、奥行きは80cm近くになる。

ツパンダクティルスのトサカの特徴は、その大部分が皮膜でできているということ。骨の"芯"は、上下に細くあるのみで、その間は軟組織だ。まるでヨットの帆のようである。翼竜類においては珍しい特徴といえる。

どうしてこのようなトサカをもっていたのかは定かではない。はたして空を飛ぶときに邪魔ではなかったのか。強風を受けた時に、首は無事だったのか。よくわかっていない。

まあ、間違っても、シャツに混ざって干されるためのものではなかったとは思うけれども……。

Fukuisaurus tetoriensis
【フクイサウルス】

白亜紀の森林

分類	爬虫類 恐竜類 鳥盤類 鳥脚類
産出地	日本
全長	4.5m

白亜紀
約1億4500万年前〜約6600万年前

正面　　側面

「今日から君たちと一緒に学ぶことになった。フクイサウルスくんだ。仲良くやるように。さあ、フクイサウルスくん、自己紹介をして」

そんな風に恐竜が転校してきたら、学校生活ももっと楽しいものとなるにちがいない……かもしれない。

学校の教室がよく似合うフクイサウルス・テトリエンシス（*Fukuisaurus tetoriensis*）は、黒板の長さよりも一回り大きいサイズの植物食恐竜だ。「*Fukui*」の文字が示すように福井県で化石がみつかっている恐竜の一つで、1989年から始まった調査で発見され、2003年にその名がつけられた。「*tetoriensis*」は、化石がみつかった手取層群(てとりそうぐん)という地層にちなむもの。手取層群の恐竜化石産出量は日本最多であり、複数の新種を含む多くの恐竜化石が発見されている。県名を冠する福井の恐竜としては、154ページで紹介するフクイラプトルの他にも、フクイティタン（*Fukuititan*）という竜脚類(りゅうきゃくるい)が報告されている。ただし、フクイティタンは発見されている部位が少なく、全身像がよくわかっていない。なお、フクイサウルスは、"史実"では、フクイラプトルと同じ時代の同じ地域で暮らしていたとみられている。

フクイサウルスは、恐竜研究史において最初期の種として知られるイグアノドン（*Iguanodon*）の仲間だ。しかし、イグアノドンと比べるとそのサイズは約半分と小さい。近縁の仲間たちと比べてもやや小型の部類に入る。

153

白亜紀の森林

分類	爬虫類 恐竜類 竜盤類 獣脚類
産出地	日本
全長	4.2m

白亜紀
約1億4500万年前〜約6600万年前

上面

正面

側面

「ねえ、宿題やってきた？」

そんな雰囲気で、高校生（ヒト）の男女に話しかけてきたのは、フクイラプトル・キタダニエンシス（*Fukuiraptor kitadaniensis*）だ。朝の登校風景で見る一コマ。……しかしどう考えても、フクイラプトルは、無粋といえるだろう。

日本的な風景が似合うこの恐竜は、その名が示すように福井県の産だ。前脚の大きな爪と、長い後ろ脚を特徴とし、全体としてスラリと細身である。114ページで紹介したアロサウルスの仲間とみられている。4.2mというその全長は、アロサウルスの仲間としては小型の部類に入る。しかし、この数値のもとになった個体はまだ成長しきっていなかったという指摘もあり、成長すれば、もっと大きくなったかもしれない。亜成体という意味では、こうして一緒に登校する風景も、無理はないのかもしれない……かな？

さて、今日では「恐竜王国」として名高い福井県。その王国を支えるのは、石川県にほど近い地域からみつかる大量の恐竜化石だ。1982年に最初の化石が発見され、その後、調査と大規模な発掘が繰り返されてきた。フクイラプトルはそうした大規模発掘の中で発見され、2000年に新種として名前がつけられた恐竜である。日本産の恐竜化石としては、初めて全身復元骨格を組み立てることに成功した、という記念碑的な意味をもっている。

現実世界では、王国たる福井でも、さすがに「恐竜と一緒に登校」の風景は見ることはできない……はずだ。

白亜紀の陸

分類	爬虫類 恐竜類 竜盤類 竜脚形類 竜脚類
産出地	日本
全長	15m

白亜紀
約1億4500万年前〜約6600万年前

正面　　　側面

　神戸の街を訪ねたのなら、日が暮れた後の港の散歩はおすすめ。とくに大観覧車周辺は、恋人と歩けば雰囲気抜群。神戸を代表するデートスポットとして有名だ。

　とくに最近は、港周辺を大きな恐竜が散歩するようになった。この恐竜の名前は、タンバティタニス・アミキティアエ（*Tambatitanis amicitiae*）。「タンバ（丹波）」の言葉が示すように、神戸と同じ兵庫県の丹波市でその化石がみつかった竜脚類で、兵庫県を代表する恐竜である。

　日本では、他の地域でも竜脚類の化石がみつかっている。しかし、いずれも部分的で全長値などの推測が難しい。一方で、タンバティタニスは比較的多くの部位がみつかっており、その全長は15mと推測されている。これは、学名がついているどの日本産恐竜よりも大きいサイズだ（本書執筆時点の情報）。

　タンバティタニスの化石が発見された場所から神戸港までは、自動車でも1時間以上かかる。この距離をタンバティタニスはどれくらいの時間をかけて歩いてきたのだろう。丹波市と隣接する丹波篠山市に恐竜化石を産出する地層があることをアピールするために、どこぞの機関に依頼されてのことだろうか。

　もちろん現実世界では、神戸港を歩くタンバティタニスには会えない……はずである。おそらく。

Deinonychus antirrhopus
【デイノニクス】

白亜紀の陸

分類	爬虫類 恐竜類 竜盤類 獣脚類
産出地	アメリカ
全長	3.3m

白亜紀
約1億4500万年前〜約6600万年前

正面　　側面

　ねぇ、ねぇ、何をつくっているの？
　そんな表情で、小型肉食恐竜のデイノニクス・アンティルホプス（*Deinonychus antirrhopus*）がやってきた。
　厨房の風景に妙にフィットするこの恐竜は、口に鋭い歯、足に大きな鉤爪をもっている。『ジュラシック・パーク』『ジュラシック・ワールド』に登場する「ラプトル」のモデルとされる……と聞けば、なるほど、だから厨房か、と思っていただけるはず（「？」と思われた方は、ぜひシリーズ第1作をご覧ください）。
　厨房の風景に妙にフィットするこの恐竜は、口に鋭い歯、足に大きな鉤爪をもっている。
　デイノニクスは"恐竜研究史"において、その存在感を放つ恐竜だ。かつて恐竜は、「鈍重で知能が低い爬虫類」と考えられていた。しかし、1969年に報告されたデイノニクスは、どう見ても「鈍重で知能が低い爬虫類」には見えない。軽快に獲物を狩る姿こそがふさわしい。そんなデイノニクスの報告をきっかけに、恐竜のイメージは「よりアクティブでアグレッシブな動物」に修正されていった。
　今日の恐竜像の構築に多大な貢献を果たした恐竜こそが、このデイノニクスなのである。今日ではほぼ定説となっている鳥類の恐竜起源説に関しても、デイノニクスを起点として検討が進められてきた。
　近年の研究では、デイノニクスやその近縁種は知能が高かったことが指摘されている。……知能が高く、俊敏な肉食恐竜ということは……、とりあえず、何か与えたほうがよいかもしれない。

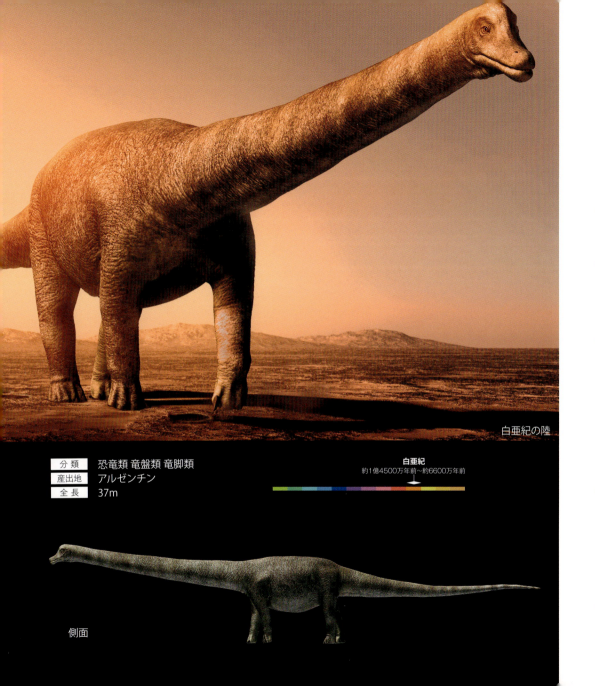

白亜紀の陸

分類	恐竜類 竜盤類 竜脚類
産出地	アルゼンチン
全長	37m

白亜紀
約1億4500万年前〜約6600万年前

側面

東京駅前に巨大恐竜がやってきた!

その大きさたるや、全長37m、体重69t!

知られている限り、史上最大の陸上動物である……一応。

そう。あくまでも「一応」だ。

まず、この化石の発見を報じた第一報では、全長は40mとして発表されていた。公式に学術論文となった段階で、その全長値は1割近く下方修正されたことになる。

そして、この「37m」という値も果たして正しいのか、という問題がある。何しろ大型の生物であればあるほど、全身まるごと化石として残る可能性は低い。パタゴティタンも基準となる標本でみつかっているのは、大腿骨や肋骨、一部の脛骨など。その化石のデータに別の個体のデータも加えて全身を復元して見積もられた値が、37mである。

30mを超えるような超大型種は、いずれも研究者によって推測値が前後する。そのため、「史上最大」ではなく、「史上最大級」というように「最大」なのに「級」という幅をもたせた表記がなされることが多い。今回も、この37mという数字をもって「唯一無二の最大種」として受け取るよりは、「最大級」という形で、マメンキサウルス(104ページ)などと同じくらいで認識すべきかもしれない。

なお、この史上最大級の陸上動物の名前をパタゴティタン・マヨルム(*Patagotitan mayorum*)という。

白亜紀
後期

Late
Cretaceous *period*

Cenomanian
Turonian
Coniacian
Santonian
Campanian
Maastrichtian

超有名な古生物が数多く登場する白亜紀後期。約1億100万年前に始まって、約6600万年前まで続きました。おそらく一般的にみて、最もよく知られている時代であるといえるでしょう。「白亜紀後期」という時代名は知らなくても、登場する古生物は知名度抜群です。なにしろ、この時代の地層はとくに北アメリカ大陸に広く分布しているため、たくさんの恐竜化石がみつかっています。あの肉食恐竜の帝王も、あの"武装恐竜"も、白亜紀後期の古生物です。

ただし、そうした"有名人"が登場するのは、白亜紀後期の終盤です。白亜紀後期の4400万年の間には、他にも多くの古生物が登場しました。日本では、とくに北海道にこの時代の海でできた大規模な地層があるため、アンモナイトをはじめとする多くの化石がみつかっています。恐竜ばかりが注目を受けることの多い白亜紀後期ですが、世界的にみて、海棲動物にも大きな"変化"があった時代です。

Najash
rionegrina
【ナジャシュ】

白亜紀の陸

分類	爬虫類 ヘビ類
産出地	アルゼンチン
全長	2m

白亜紀
約1億4500万年前〜約6600万年前

上面

側面

「さて、今日の稼ぎの準備をしようか」
　男性が相棒のヘビたちにそう声をかけている。1匹はコブラ、もう1匹の名前をナジャシュ・リオネグリナ（*Najash rionegrina*）という。
　ナジャシュは一見すると"普通のヘビ"に見える……かもしれないが、よく見て欲しい。頭から尾の先へ、すーっと見ていくと……、そう、気づかれただろうか。そこに1対2本の小さなあしがあることに。実はナジャシュは「うしろあしのあるヘビ」なのである。
　"史実"において、白亜紀はヘビ類が出現した時代として知られている。もともとは四肢をもつトカゲのような姿の爬虫類がいて、進化するにつれてあしを失ったと考えられている。ただし、あしの消失が「どこで」あったのか、という点については、二つの仮説が存在し、断定できる状況にはない。
　仮説の一つは、海で泳ぐ中であしを消失したというもの。「ヘビの水中進化説」である。これは、イスラエルから化石が発見されている「うしろあしのあるウミヘビ」が根拠となっている。
　もう一つの仮説は、「ヘビの陸上進化説」。これは、半地中生活者として、地中を移動するなかで、あしのない種が進化したというもの。ナジャシュは、こちらの仮説の根拠の一つとなっている。
　二つの仮説のうち、現時点ではナジャシュ以外にもいくつもの証拠（化石）が発見されている「ヘビの陸上進化説」の方が優勢である。

Giganotosaurus carolinii
【ギガノトサウルス】

分 類	爬虫類 恐竜類 竜盤類 獣脚類
産出地	アルゼンチン
全 長	14m

白亜紀
約1億4500万年前〜約6600万年前

正面　　側面

　南アメリカ大陸の高地を旅するのなら、ビクーニャの群れはぜひとも見てみたいもの。まして、ギガノトサウルス・カロリーニ（*Giganotosaurus carolinii*）とともに歩く群れに出会えたとしたら……。

　ギガノトサウルスは、ティラノサウルス（248ページ参照）を2mほど全長値で上回る獣脚類として知られる。ただし、体重はほぼ同じ。つまり、ティラノサウルスよりも少しスリムだった。獣脚類にはさらなる全長値をもつものとしてスピノサウルス（168ページ参照）がいる。ただし、スピノサウルスの主食は魚とみられており、より"純粋な肉食性"としては、ギガノトサウルスは"最大種"であるといえる。広い意味でアロサウルスの仲間で、同じ"純粋な肉食性"の大型種であるティラノサウルスとは異なるグループに属している。

　さて、"史実"においては、ギガノトサウルスは白亜紀の半ばに出現した。白亜紀の末期に登場したティラノサウルスよりも2000万年以上早い時期に現れた"覇者"だ。発見されている化石の数は限られており、白亜紀半ばに登場して以降、どのくらいの年月にわたって大型の肉食恐竜として君臨したのかはわかっていない。

　もちろん、現在の南アメリカ大陸には生息していないはずだが……もしも見かけたとしたら、下手に近づかない方がよいだろう。何しろ、"史上最大の陸上肉食動物"である。

Spinosaurus aegyptiacus
【スピノサウルス】

白亜紀の水辺

分類	恐竜類 竜盤類 獣脚類
産出地	エジプト、モロッコ、チュニジアほか
全長	15m

白亜紀
約1億4500万年前〜約6600万年前

正面　側面

「釣れないねえ」
「あそこの恐竜のせいですかね？」
「でも、彼も獲れていないみたいだよ」
「……"3人"の中で誰が最初に釣るか、競争ですかねぇ」
　そんな会話が聞こえてきそうだ。
　釣り人たちとともに、"魚釣り"をしているのは、スピノサウルス・エヂプティアクス（*Spinosaurus aegyptiacus*）だ。背中の帆を最大のトレードマークとする恐竜で、すべての肉食恐竜が属する「獣脚類」というグループにおいて、知られている限り最大の恐竜である。「獣脚類最大」ということは、なんと、大きいことで有名なティランノサウルス・レックス（248ページ）よりも大きいのだ。
　ただし、スピノサウルス自身は「肉食（陸上動物を食べる）」というよりも、「魚食」がメインだったとみられている。細長い鼻先は水中で動かしやすく、円錐形の歯は、魚を突き刺すことに向いていた。
　もっとも、スピノサウルスは、実は"最良の標本"が第二次世界大戦の空襲で失われてしまった。そのため、実は全身像の復元に関してはいくつかの説がある。2014年に報告されたコンピューターを使った研究では、獣脚類としては珍しく後脚が短く、そのため、四足歩行を主としながら、水中で暮らすことが多かったとされた。
　しかし、2018年になって、その説に対する反論も提案されており、議論はまだ続いている。

Cretoxyrhina mantelli

分類	軟骨魚類 新生板鰓類
産出地	アメリカ、スウェーデン、カナダほか
全長	8m

白亜紀
約1億4500万年前～約6600万年前

側面

正面

白亜紀の海

「おー、大きいねぇ」
　この水族館は軟骨魚類の展示が充実しているようだ。家族は今、クレトキシリナ・マンテリ（Cretoxyrhina mantelli）の水槽前までやってきた。大きな歯、鋭い歯、力強いひれ。時に水槽内を高速で遊泳し、同じ水槽内の魚たちを驚かせている。
　クレトキシリナは、「最強にして最恐」と呼ばれる海棲動物の一つ。"史実"においては、白亜紀後期の軟骨魚類を代表する存在だ。同じ海域にはたくさんの海棲動物が生息し、クレトキシリナは、大型のモササウルス類とともにその生態系の上位に君臨していた。
　多くの海棲動物の化石に、クレトキシリナのものとされる歯型が確認されている。そうした歯型の中には、「治癒した痕跡」とみられるものもある。治癒痕があるということは、その獲物が襲われたのちに逃げることができたということ。つまり、クレトキシリナが生きた獲物を襲っていたという証拠になる。また、クレトキシリナの歯型は、獲物の下顎付近に多いことも指摘されている。下顎……すぐ近くに「喉」だ。脊椎動物の弱点の一つである。的確に獲物の弱点を襲う。そんな怖さがクレトキシリナにはあった。
　飼育する際にはもちろん細心の注意が必要だ。基本は常に満腹状態にさせておく。しかしやりすぎると、みるみると育つ。水族館によっては10m近くまで成長した個体もいるとかいないとか……。

171

Platecarpus tympaniticus
【プラテカルプス】

白亜紀の海

分 類	爬虫類 有鱗類 モササウルス類
産出地	アメリカ
全 長	6m

白亜紀
約1億4500万年前〜約6600万年前

側面　　　　正面

「へぇ、今日は珍しいな。モササウルス類じゃないか」

早朝の魚市場。冷凍されたマグロとともに1頭の海棲爬虫類が並んでいる。

この海棲爬虫類の名前をプラテカルプス・ティンパニティクス（*Platecarpus tympaniticus*）という。「モササウルス類」というグループに属している。

一人の仲買人が思わずもらした一言を聞きつけた数人の仲買人が状態を見に集まってきた。モササウルス類が水揚げされるのは珍しい。前回のセリがどのような状態だったのか。ある仲買人は記憶を辿り、別の仲買人は本社に電話をかけるために、場を離れていく。

「モササウルス類」といえば、映画『ジュラシック・ワールド』のシリーズで一躍有名になった。とくに2015年に公開された第1作では、物語上大きな役割を果たす。あの巨体が印象に残っている、という人も少なくないだろう。

もっとも、作中のモササウルス類は"映画あるある"で、大きさがかなり誇張されている。今のところ、モササウルス類の中の最大種は16mほどの全長の持ち主とみられている。そして、10m以下のモササウルス類もかなり多い。プラテカルプスもそうした中型種の一つだ。

メディアも集まってきた。このプラテカルプスは今日のセリでいちばんの注目となりそうだ。

Eubostrychoceras japonicum
【ユーボストリコセラス】

白亜紀の海

軟体動物 頭足類 アンモナイト類
日本
15cm

白亜紀
約1億4500万年前〜約6600万年前

上面　　側面

　こんな経験ないだろうか？
　ワインのコルクを抜くために、コルクスクリューを持ってくるつもりで、つい一緒にユーボストリコセラス・ジャポニクム（*Eubostrychoceras japonicum*）も持ってきてしまった……。
　「あ、わかるー」
　アンモナイト好きでワイン好きならば、一度は経験しているはず。だって、どちらもぐるぐるとネジのように巻いているのだから。
　「ん？ アンモナイト？」
　そう思われた方もいるかもしれない。
　ユーボストリコセラスは、こんな形をしていても、アンモナイト類の一員。「異常巻きアンモナイト」と呼ばれるものの一つだ。「異常」とはいっても、それは遺伝的な異常、病的な異常、あるいは進化の袋小路を指すような意味ではない。あくまでも、よく知られる"平面螺旋状でぴったりと殻を巻くアンモナイト"（正常巻きアンモナイト）ではないというだけだ（なお、本書には正常巻きアンモナイトは収録していない……種を選定することが難しかったということもあるが……。正直、完全に企画段階の失念です。すみません）。
　一見すると、珍妙に見えるユーボストリコセラス。しかし、もっと珍妙な異常巻きアンモナイトが次ページに待っている。ある研究によると、ユーボストリコセラスと次ページで紹介するアンモナイトは、ユーボストリコセラスを祖先とした、祖先と子孫の関係にあるという。

175

Nipponites mirabilis
【ニッポニテス】

白亜紀の海

分 類	軟体動物 頭足類 アンモナイト類
産出地	日本、ロシア
長 径	7cm 前後

白亜紀
約1億4500万年前〜約6600万年前

側面　　正面　　背面　　上面

　日本を代表する古生物を一つだけ挙げるとすれば？

　それはやはり、このコだろう。ニッポニテス・ミラビリス（*Nipponites mirabilis*）。アンモナイトである。

　なにしろ、名前からして日本代表だ。「*Nipponites*」とは「日本の化石」という意味。日本古生物学会のシンボルマークであり、2018年からはこのアンモナイトが新属新種として命名された10月15日を「日本の化石の日」と定められているほどだ。

　「*mirabilis*」には「驚くべき」という意味がある。この言葉が示すように、ニッポニテスは控えめにいっても変わっている。蛇が複雑にとぐろを巻いたような形状の殻なのだ。ニッポニテスもまた「異常巻きアンモナイト」と呼ばれるものの一つである。ただし、一見して複雑怪奇なニッポニテスの殻の巻き方は、数式で表現できることがわかっている。つまり、規則性があるのだ。さらに、その数式を使ったシミュレーションによって、174ページのユーボストリコセラスの子孫にあたることが指摘されている。数式を"少しいじる"だけで、ユーボストリコセラスからニッポニテスへと巻きが変化するという。"史実"では、白亜紀の北西太平洋（のちの北海道）で繁栄していたアンモナイトである。

　日本代表には、日本的景色がよく似合う。茶釜から湯を汲んだらニッポニテスも一緒だった。そんな日常が……あったらいいなあ（湯温に注意しないと「ゆでニッポ」になってしまうけれど）。

177

Uintacrinus socialis
【ウインタクリヌス】

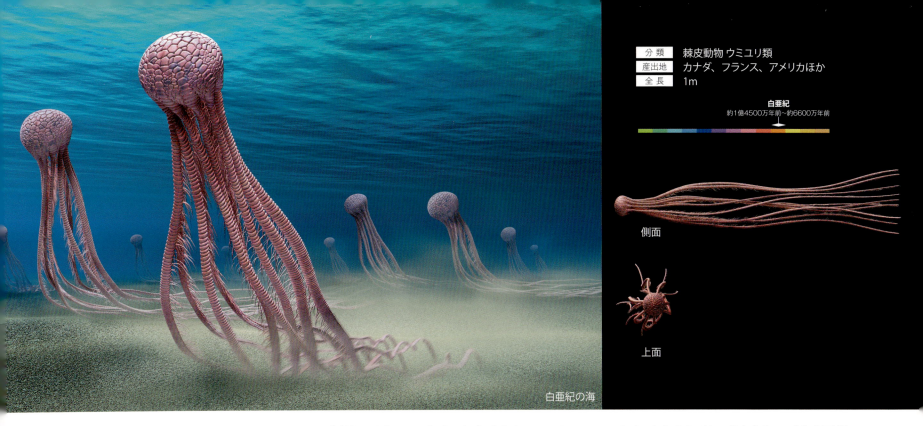

分　類	棘皮動物 ウミユリ類
産出地	カナダ、フランス、アメリカほか
全　長	1m

白亜紀
約1億4500万年前〜約6600万年前

側面

上面

白亜紀の海

「わぁーーーー！」
　少女が声を上げながら、勢いよく走る。彼女の手には棒。その先に吹き流しだ。彼女の走りの勢いが増すほどに吹き流しは風を受け、その先端は水平に……。
　…
　……
　………吹き流し？
　いや、ちがう。どこでどう間違ったのだろう。彼女の棒の先端にくくりつけられているのは、吹き流しではない。これは、ウインタクリヌス・ソシアリス（*Uintacrinus socialis*）だ。ウミユリ類である。
　ウミユリ類はその名の通り、本来であれば海棲である。しかしその名に反して、ユリ（植物）ではなく、動物だ。ヒトデやウニなどと同じ棘皮動物に属し、古生代に大繁栄した。中生代以降も生息し、現在の深海にもその姿を確認することはできるが、古生代と比べると個体数も種数も圧倒的に少ない。

　ウインタクリヌスは、そんな"レア"な白亜紀のウミユリの一つ。多くのウミユリ類のからだが「茎」「萼（きょくひ）」「腕」で構成されることに対して、ウインタクリヌスは茎がないこと、そして腕が長いことを特徴とする。
　ウインタクリヌスの化石は、複数個体がまとめてみつかることで知られている。1m²当たりに50個体がまとまっている例も珍しくないとされる。生態には謎が多い。生息姿勢に関しては萼部分だけを浮かせていたのではないか、などの指摘がある。

179

白亜紀の空

　手すりに頭をのせて休んでいたら、うっかり寝入ってしまった。そして、眼が覚めると……スズメに囲まれていた。

「さて、どうしよう」

　翼竜類、ニクトサウルス・グラシリス（*Nyctosaurus gracilis*）のそんな一コマ。せっかくスズメたちが心を許し、集まって、休息中だというのに、はたして自分が動いてしまってよいものだろうか。ニクトサウルスのそんな戸惑いが手に取るようにわかる。

　頭部の大きな翼竜類の中には、種によってさまざまな形状のトサカをもつものがいる。ニクトサウルスのトサカもまた独特で、アルファベットの「Y」の字のようになっている。枝分かれして上方に伸びる2本の"軸"は、一方が長く、他方は短い。長い方の1本は、トサカの付け根から測って70cmを超える長さがあったとされる。一方、短い方の1本は水平方向にのび、スズメなどの小型の鳥が一休みするにはちょうどよい太さだ。

　こうした長いトサカをもっていると、150ページで紹介したツパンダクティルスのように、トサカを芯とした皮膜があったのではないか、とも思われるかもしれない。しかし、ニクトサウルスに関しては、そうした皮膜は、今のところいっさい発見されていない。

　"史実"におけるニクトサウルスは、190ページで紹介するプテラノドンと並ぶ、白亜紀のアメリカを代表する翼竜類。飛行能力が高く、かなり沖合まで飛行する（そして陸地へ帰ってくる）ことができたとみられている。

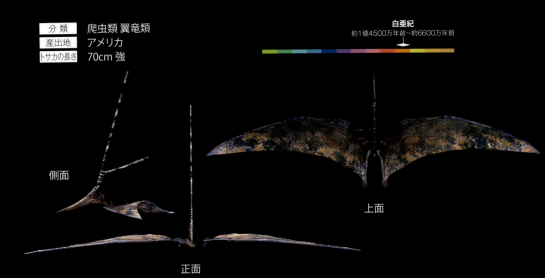

分類	爬虫類 翼竜類
産出地	アメリカ
トサカの長さ	70cm 強

白亜紀　約1億4500万年前〜約6600万年前

側面　正面　上面

181

Futabasaurus suzukii
【フタバサウルス】

白亜紀の海

分類	爬虫類 クビナガリュウ類
産出地	日本
全長	6.4〜9.2m

白亜紀
約1億4500万年前〜約6600万年前

正面
上面
側面

　この古生物は「池」が似合う。

　いや、"史実"における本種の生息域は「海」なので、実際には正しくない。

　それでも、やはり池が似合う。

　この古生物の名前は、フタバサウルス・スズキイ（*Futabasaurus suzukii*）だ。「フタバスズキリュウ」の和名で知られる、日本を代表する古生物である。

　池にボートをこぎ出そうとしたら、じゃれついてきた。フタバサウルスを放し飼いにしている池に行けば、そういう経験を味わうことができるかもしれない。「ボールはちゃんと持ってきた？」というかのように、一緒に遊ぼうと寄ってくる。下手をすれば、ボートを沈めてしまいそうだが、"本人"に悪気はない。

　さて、フタバサウルスが日本において特別な知名度をもっている理由は、その研究史・普及史にある。高校生の鈴木直氏によって、福島県の双葉層群からその化石が発見されたのは、1968年のこと。戦後日本で初めて恐竜化石がみつかるよりも10年も前の話で、大きな注目を集めた。その後、1980年に公開されたアニメ映画『ドラえもん のび太の恐竜』において、その愛らしい姿が描かれ、2006年にはリメイク版も公開された。そして、さらに同年、学名もついた。ほどよい間隔をあけてのメディア露出によって、幅広い世代にその名が普及していったのだ（冒頭の池やボールの話に「？」と思われた方は、同作をご覧いただきたい）。

　ああ、ピー助。。。

Xiphactinus audax
【シファクチヌス】

白亜紀の海

分類	条鰭類 アロワナ類 イクチオデクテス類
産出地	カナダ、アメリカ
全長	5.5m

白亜紀
約1億4500万年前～約6600万年前

正面　　　側面

　ホホジロザメなどの凶暴な大型のサメ類を観察するために、金属製のケージの中に入って海中に沈む。そんな一コマを見たことがある人もいるだろう。

　しかし、ホホジロザメを観察するつもりでいたら、見たこともない大型の魚がやってきたとしたら……それは幸運かもしれないし、不幸かもしれない。

　ダイバーたちの前に姿を現したのは、シファクチヌス・アウダックス（*Xiphactinus audax*）だ。妙にしゃくれた感のある下顎と、鋭く大きな歯が特徴である。

　その姿を見かけたら、とにかく急いでケージに入ること。シファクチヌスは発達した尾びれをもっており、高速で泳ぐことができる。うかうかしていたら、あなたの命が危ない。

　さあ、急げ急げ。

　もっとも、ケージの中にいるからといって、必ずしも「安全」というわけじゃない。何しろ、シファクチヌスは生命史に名高い「凶暴魚」だ。近縁の（ということは、それなりに"危険な感"のある）魚を丸呑みした標本がみつかっている。

　さて、"史実"においては、シファクチヌスは白亜紀の北アメリカ大陸を2分するように存在していた南北に細長い海、「ウエスタン・インテリア・シー」に生息していたことで知られる。

　今のところ、シファクチヌスが、白亜紀よりものちの時代に生きていたという例はない。安心してよい……のだろうか。

Haboroteuthis poseidon
【ハボロテウティス】

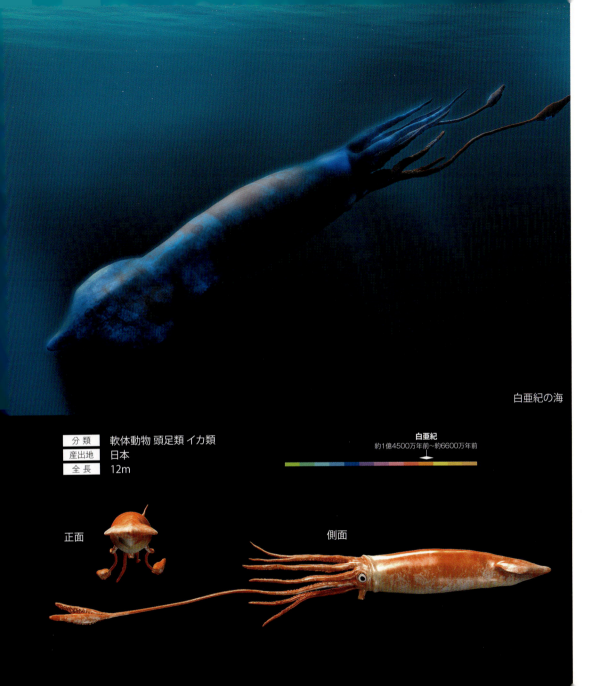

白亜紀の海

分類	軟体動物 頭足類 イカ類
産出地	日本
全長	12m

白亜紀
約1億4500万年前〜約6600万年前

正面　　側面

　春の空に鯉のぼり。実に日本的で、実にほのぼのとした景色だ。しかし、この景色……何か違和感を感じないだろうか。赤い鯉はお母さん、黒い鯉はお父さん……って、あれ？　童謡にもこんな鯉のぼりはいない……いや、そもそも鯉じゃないし！
　イカ、それもかなり大きなイカが泳いでいる。「これが噂のダイオウイカか!?」と思われたかもしれない。
　たしかにダイオウイカ級の大物だけれども、一般にダイオウイカとして知られるアーキテウティス・ドゥクス（*Architeuthis dux*）ではない。このイカは、ハボロテウティス・ポセイドン（*Haboroteuthis poseidon*）。海神の名前をもつ大型種だ。ちなみに、愛称を「ハボロダイオウイカ」という。「ハボロ」とは、化石がみつかった北海道の羽幌町を指す。
　"史実"においては、ハボロテウティスは白亜紀の北海道（当時は海の底）に生息していた。イカは軟体動物であり、文字通り、全身のほとんどが柔らかい。化石に残りにくいわけだが、それでも硬い部位もある。それは、顎の部分。酒の肴として知られる「カラストンビ」の部分だ（お酒は20歳になってから）。
　ハボロテウティスは、その顎の化石が発見されている。全長値はその顎化石から推測されたものだ。

187

白亜紀の海

分 類	鳥類
産出地	カナダ、アメリカ
全 長	1.5m

白亜紀
約1億4500万年前〜約6600万年前

上面
正面
側面

　あなたの家では、お子さんに水泳をどのように教えましたか？

　我が家では、娘の水泳練習にヘスペロルニス・レガリス（*Hesperornis regalis*）の力を借りました。泳ぎが達者なこの鳥は、家族の一員。娘はヘスペロルニスに追いつきたくて、無我夢中で泳ぎを覚えていったのです。

　"史実"におけるヘスペロルニスは、白亜紀後期の半ば、北アメリカ大陸を東西に２分するように存在していた細長い海、「ウエスタン・インテリア・シー」に生息していた。翼のないヘスペロルニスは、現在でいえばペンギンのように（ペンギンは翼をもつけれど）、水中生活に特化した鳥類だったとみられている。実際、ヘスペロルニスの化石は、当時の海岸線から300km以上も沖合だった場所からみつかるという。

　全長1.5mという大きさは、現生の鳥類と比べるとなかなかのサイズである。実際、同じく水中生活を主とする現生のペンギン類においては、1.5mの全長をもつものとなると種が限られる。しかし、大きいからといって、"地位"が高かったわけではなく、むしろウエスタン・インテリア・シーに生きる大型の捕食者たちにとって、良き獲物だったようだ。モササウルス類やサメ類の化石の胃の部分からは、ヘスペロルニスの断片の化石がみつかっている。

　あ、他所のヘスペロルニスには手を出さないようにしてくださいね。この鳥、クチバシに歯が並んでいるのでご注意を。

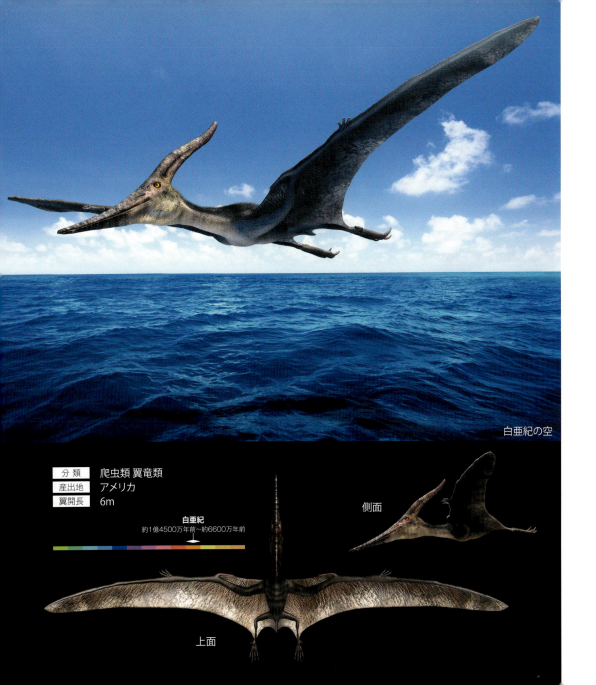

白亜紀の空

分類	爬虫類 翼竜類
産出地	アメリカ
翼開長	6m

白亜紀
約1億4500万年前〜約6600万年前

側面

上面

　「翼竜」というグループの中で、おそらく最も知名度が高い種が、プテラノドン・ロンギケプス（*Pteranodon longiceps*）だろう。翼竜類の代表種といっても過言ではない……はずだ。

　プテラノドンの化石は、海岸から遠い沖合でできた地層から発見されているものが多い。そのほとんどは成熟した個体であるという。このことから成熟したプテラノドンは、かなりの距離を飛ぶことができたとみられている。その大きな翼で風を上手に受けて飛んでいたらしい。

　風を受けて飛ぶのであれば、離陸する場所は高いところの方がよいだろう。

　もしも彼らが現代に生きていたとしたら、例えば高層ビルの屋上なんて、離陸に最適かもしれない。屋上に行くには上昇気流を捕まえることも大切だけれども、現代社会には文明の利器である「エレベーター」が存在する。

　「あ、上に行きます？　乗せてください」

　遠距離飛行を終えて帰ってきたプテラノドンが、エレベーターに乗る……なんてことがあったりして。翼をぐっと折りたためば、ギリギリ乗ることができる……だろうか。

　プテラノドン・ロンギケプスには、これまでに確認された最大の個体で翼開長7mというものもある。その一方で、後頭部のトサカがさほど発達せず、翼開長4mほどの小さな個体の化石も多数確認されている。小さな個体も数が多いため、小さい個体はひょっとしたら性的二型なのかもしれない、とされる。トサカの大きな個体が雄、トサカの小さな個体が雌、というわけだ。

分　類	爬虫類 恐竜類 竜盤類 獣脚類
産出地	モンゴル
全　長	2.5m

白亜紀
約1億4500万年前〜約6600万年前

側面

正面

白亜紀の陸

「おっと、頼むから邪魔しないでくれ。え？ シャワーも浴びてきたし、清潔だからよいだろって？ そういう問題じゃないんだ。おとなしくしていなさい」

　調理人を興味津々の表情で見る2頭の恐竜がいる。ヴェロキラプトル・モンゴリエンシス（Velociraptor mongoliensis）だ。全長2.1〜2.5m、体重20〜25kg、腰の高さは50〜60cmほどという小型の肉食恐竜である。

　「ヴェロキラプトル」が「厨房に」。この単語だけで、ニヤリと思わず口角をあげた恐竜ファンも多いだろう。そう、「厨房のラプトル」といえば、名作映画『ジュラシック・パーク』（1993年公開）だ。レックスとティムの姉弟を、2頭のラプトルが追い詰めていく。その舞台こそが無人の厨房だった。

　あれ？　でも、映画と比べると、このコたちは小さくない？　……もう30年近く昔の作品だから、記憶違いかしらん？

　実は、作中に登場する「ラプトル」のモデルは、「ヴェロキラプトル」ではない。より大型の近縁種で、北アメリカから化石がみつかっているデイノニクスがモデルとされているのである。改めて158ページと比較してみてほしい。どちらが「ラプトル」に近いだろうか。……それにしても、シリーズを通して使われる「ラプトル」の呼称がややこしい。

　……とはいえ、軽量で敏捷、恐るべきハンターというのは、さほど変わりはない。あまり待たせずに、何かしらの餌をあげた方がよいと思いますよ、コックさん。

193

分 類	爬虫類 恐竜類 鳥盤類 周飾頭類 角竜類
産出地	モンゴル、中国
全 長	2.5m

白亜紀
約1億4500万年前〜約6600万年前

上面

側面

正面

白亜紀の陸

　一緒に暮らす恐竜を選ぶとすれば、いったいどんな種類がよいだろうか？　一目見て「恐竜だ」とわかり（これが大事だろう）、ある程度の大きさがあって、子供と"二人っきり"にさせても安心……。

　そんな条件にあうような恐竜をお探しの方には、プロトケラトプス・アンドリューシ（Protoceratops andrewsi）が一つの答えとなるかもしれない。

　「角竜類」と呼ばれるグループに属するこの恐竜は、大きなフリルをもつ四足歩行の恐竜で、おそらく"恐竜に詳しくない人"が見ても「恐竜」とわかるだろう。角竜類といえば、全恐竜類の中でもトップクラスの知名度をもつトリケラトプス（246ページ参照）に代表されるグループである。

　大きさはごらんの通り。「恐竜は大きいもの」というイメージをお持ちの方にも、このくらいの大きさがあれば、納得してもらえるはず（意外と小さいね、といわれるかもしれないが）。

　植物食性だから突然襲いかかってくる（捕食しようとする）可能性は低い。そして、少なくとも幼体時のプロトケラトプスは、群れを組んでいた可能性がある。すなわち、集団生活の経験があるかもしれないのだ。これは、「躾」という点でみても大きなポイントだろう。

　ほら、たとえば、こんな暮らしがあなたを待っているかもしれない。ベッドで休むプロトケラトプスに半ば寄りかかりながら、子供が絵本を読むという微笑ましい風景だ。……1家に1頭のプロトケラトプス、いかがだろう？

195

Oviraptor philoceratops
【オヴィラプトル】

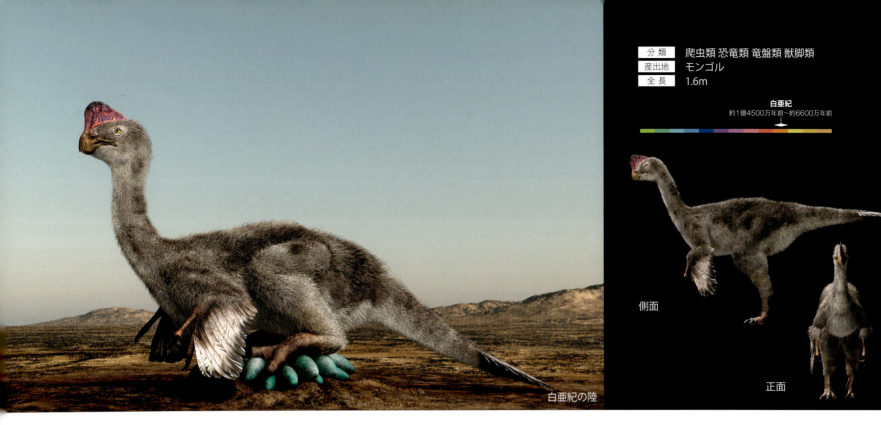

分類	爬虫類 恐竜類 竜盤類 獣脚類
産出地	モンゴル
全長	1.6m

白亜紀
約1億4500万年前〜約6600万年前

側面

正面

白亜紀の陸

　ハロウィン。近年の日本では専ら「仮装（コスプレ）の日」が定着しつつある感があるが、本場のアメリカでは、収穫祭にあわせて仮装した子供たちが「Trick or Treat」と声をあげながら、お菓子を求めて近所を歩き回る。

　歩き疲れた子供たちが休憩していると、1匹の恐竜がやってきた。

　子供たちのお菓子を狙っているのだろうか。

　子供たちの前に無言で腰を下ろす。この恐竜の名前を、オヴィラプトル・フィロケラトプス（Oviraptor philoceratops）という。

　「オヴィラプトル」とは「卵泥棒」という意味だ。

　え？　そんな物騒な名前の恐竜を我が子に近づけるわけにはいかない!?

　保護者の皆様の中には、そう思って、すぐさまこの恐竜を追い払いにかかろうとされる方もいるかもしれない。

　しかしご安心を。それは誤解というものだ。

　たしかに、オヴィラプトルの化石は、当初、プロトケラトプス（194ページ）の卵が並ぶ巣の近くで発見され、そのために「卵泥棒」と名付けられた。しかし、のちの研究では、その巣は実はオヴィラプトルのものであり、自分の卵を温めていたことが明らかになったのだ。

　たしかに抱卵時期にこちらから近寄るのは、危険だろう。向こうも子を守るために気が立っている可能性が高いから。しかし、今回のように向こうから歩み寄ってきたのなら……あとの対応は子供たちに任せるのが、教育にもよいというものだ。

Archelon ischyros
【アーケロン】

白亜紀の海

分類	爬虫類 カメ類
産出地	アメリカ
甲長	2.2m

白亜紀
約1億4500万年前〜約6600万年前

正面　　　　側面

　プールに入るときは、その底に注意する必要がある。なぜならば、ひょっとしたら巨大カメのアーケロン・イスキロス（*Archelon ischyros*）が沈んでいるかもしれないからだ。
　もっとも、アーケロンは基本的には"優しいカメ"だ。これまでに、このカメがヒトを襲ったという報告はなされていない。だから、あまり大きな刺激を与えないようにしながら、ゆっくりとその大きさを堪能するとよいだろう。
　さて、"史実"において、アーケロンは「史上最大のカメ」としてその名を刻んでいる。1896年にその化石が初めて報告されてからすでに1世紀以上の時間が経過しているが、アーケロンを上回る大きさのカメの化石、および現生種のカメは報告されていない。
　当時、北アメリカ大陸を東西に2分するかのように、メキシコ湾から北に向かって細い海が伸長していた。「ウエスタン・インテリア・シー」と呼ばれるこの海は、多くの生命を育んだことで知られ、現在ではその海の地域からさまざまな海棲動物の化石がみつかっている。アーケロンの化石は、その中の一つだ。
　ただし、アーケロンの化石は、かつてウエスタン・インテリア・シーだった地域以外からは報告されていない。ウミガメの多くは広い分布域をもつものだが、アーケロンはその生息域が限られているのである。あまり泳ぎは上手ではなかったとの指摘もある。なお、アーケロンをプールで飼うときは、もっと深くて大きなプールを用意すべきだろう。

Lythronax argestes
【ライスロナクス】

分類	爬虫類 恐竜類 竜盤類 獣脚類 ティランノサウルス類
産出地	アメリカ
全長	7.5m

白亜紀
約1億4500万年前〜約6600万年前

側面

正面

白亜紀の水辺

「さあ、君たちをどのように売り出していくことにしようか」

オフィスでは、ライスロナクス・アルゲステス（*Lythronax argestes*）を招いて、プロモーションの打ち合わせが行われている。恐怖・凶暴の象徴ともいえるようなティランノサウルス類。人類社会に受け入れてもらうためには、いったいどのような売り出し方が考えられるだろうか？ "史実"におけるライスロナクスは、確かにティランノサウルス類に分類されるものとしては、アメリカにおける最古の種に位置付けられている（あくまでも、本書執筆時点までに知られている限りの情報だが……）。登場したのは、今から約8000万年前のことだ。よく知られるティランノサウルス（248ページ）の登場よりも約1000万年古い。

全長値で見た場合、ライスロナクスの7.5mという値はティランノサウルス類として決して大きなものではない（5mという指摘もある）。ティランノサウルスはもとより、タルボサウルス（216ページ）やユティランヌス（146ページ）などと比べると相対的に小さい。もっとも、「絶対的に小さい」というわけでもなく、グアンロン（88ページ）やディロング（130ページ）よりは大きい。大きくもなく、小さくもないティランノサウルス類であるライスロナクス。ただし、その頭骨は、進化的で大型のティランノサウルス類であるティランノサウルスやタルボサウルスとよく似ていた。幅があり、高さがあるのだ。この幅と高さのある頭骨をもつティランノサウルス類は、ライスロナクス以降に増えていくのである。

Parasaurolophus walkeri
【パラサウロロフス】

白亜紀の森林

分類	爬虫類 恐竜類 鳥盤類 鳥脚類
産出地	アメリカ、カナダ
全長	7.5m

白亜紀
約1億4500万年前～約6600万年前

正面　側面

「今宵、素晴らしい低音を届けにカレがやってきてくれました。紹介しましょう。鳥脚類のパラサウロロフス・ウォーケリ（*Parasaurolophus walkeri*）氏です」。

3人と1頭の合奏が始まる。あなたの耳にはどのような音が届くのだろうか。

もしも恐竜類の大半が現在に復活し、高い知能を得て、そして人間とともに文化活動をする世界がやってくるのだとしたら、パラサウロロフスこそ良き共演者となるにちがいない。この恐竜は頭部に長さ1mを超える細長いトサカを有しており、しかもその内部が鼻腔につながる空洞になっていた。その空洞に空気を通すことによって、オーボエのような低音を出すことができたことがわかっている。

本書で紹介している恐竜たちのなかでは、パラサウロロフスは230ページで紹介するエドモントサウルスに近縁だ。ほぼ同時期に同地域に生きていた。彼らはまとめて「ハドロサウルス類」というグループに属しており、このハドロサウルス類こそが、"史実"において白亜紀末に世界中で大繁栄した植物食恐竜だった。

ハドロサウルス類は、"狭義のハドロサウルス類"とランベオサウルス類の二つのグループに分けることができる。エドモントサウルスは前者の代表的な存在で、パラサウロロフスは後者の代表である。両グループは体のサイズに大きな違いはないが、ご覧の通り後者の頭には何らかの"トサカ"があることが大きな特徴とされている。

白亜紀の水辺

分類	爬虫類 ワニ類
産出地	アメリカ、メキシコ
全長	12m

白亜紀
約1億4500万年前〜約6600万年前

上面

正面　側面

「この通りはあかん。車両は通行止めや」
「なぜって？　そりゃあー、見ればわかるやろ。デイノスクス・リオグランデンシス（*Deinosuchus riograndensis*）が横断中なんや。さあ、奴を刺激しなうちに回り道、回り道や」

信号はすべて赤。少なくとも車道は封鎖されている。

たしかに、デイノスクスが横断中ともなれば、刺激云々は別としても、そもそも物理的に車の通行は不可能だ。

デイノスクス・リオグランデンシスは、ワニ類における屈指の巨体の持ち主。12mというそのサイズは、恐竜類でいえば、ティランノサウルスに匹敵する（248ページ参照）。

なぜ、これほどまでに大型化したのだろうか？　その理由の一つとして、「長寿」であったことが挙げられている。ある個体の骨に残された年輪を数えたところ、50歳を超えていたというから驚きだ。「50歳超」という年齢は、恐竜類と比べても、他のワニ類と比べてもかなり長いのである。しかも、50年のうちの35年は成長期にあり、成長期が終わった後も、ゆるゆると大きくなっていたという。

"史実"においては、デイノスクスは恐竜時代を代表する「巨大ワニ」であり、恐竜類を襲っていたとみられる証拠も見つかっている。

Champsosaurus natator
【チャンプソサウルス】

白亜紀の水辺

分類	爬虫類 コリストデラ類
産出地	アメリカ、カナダ
全長	1.5m

白亜紀
約1億4500万年前〜約6600万年前

上面
正面　側面

「やっぱりあなたにはこの形よね」

女性が描くハートマーク。照れたように眼をそらすこの動物は、一見するとワニのように見えるが、実はワニではない。

その名は、チャンプソサウルス・ナタトール（*Champsosaurus natator*）。知る人ぞ知る爬虫類のグループ、「コリストデラ類」の代表的な種である。

ワニのように見えるこの動物が、ワニとは異なる点はもちろんいくつもある。その一つが、後頭部の形状。真上から見たときのコリストデラ類の後頭部は、ハート形になっているのだ。

そう。この女性はチャンプソサウルスの後頭部を端的に描いているだけ。愛を語らっているわけではない（だから照れるなよ）。

"史実"におけるコリストデラ類はジュラ紀中期に登場し、白亜紀、古第三紀、そして新第三紀となかなかの"長寿"を誇ったグループ。チャンプソサウルスの仲間（チャンプソサウルス属）に関しても、チャンプソサウルス・ナタトールこそ白亜紀に限定されるものの、チャンプソサウルス属そのものには、古第三紀に生きていた種も存在する。

そんな"長寿"のグループだけれども、コリストデラ類は謎だらけ。見つかっている標本も少なく、系統的な位置付けもよくわかっていない。

もしも野生のコリストデラ類をみつけたら、愛でも何でも贈って、とりあえず興味をつなぎとめ、その間にしかるべき研究機関に連絡を。

Saichania chulsanensis
【サイカニア】

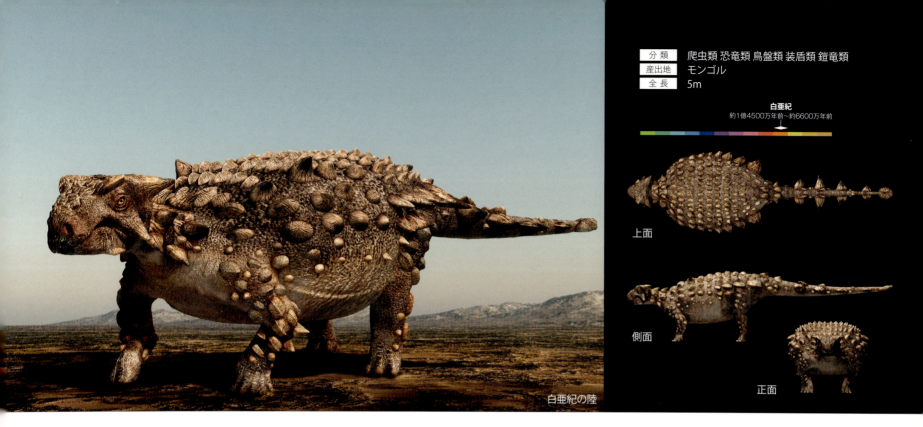

分 類	爬虫類 恐竜類 鳥盤類 装盾類 鎧竜類
産出地	モンゴル
全 長	5m

白亜紀
約1億4500万年前〜約6600万年前

上面

側面

正面

白亜紀の陸

さて、"駐竜料金"はいくらになったろう？

　鎧竜類（よろいりゅうるい）は、他の恐竜類のグループと比べると重心が低くて安定している。ともに歩いてよし、疲れたら背中に乗せてもらうもよしの存在だ。「町歩きのお友にぴったり」として数多くのCMも打たれているから、あなたもご存知だろう。

　たしかに全長の割には高さが低いので、ゆっくりと街中を移動する場合には、これほどふさわしい恐竜はいないかもしれない。

　しかし、横幅はそれなりにあるので、店舗や住宅の中に入ることができる例は決して多くない。そんなときには周囲で待たせておくことのできる「駐車場」が必要だ。

　一般に駐車場には、大型車NG、小型車のみOKなどのさまざまな制約があるけれども、サイカニア・クルサネンシス（Saichania chulsanensis）の場合は普通車のスペースがあればよい。駐車……いや、駐竜料金も、普通車と変わらない。「知らない人についていかない」「知らない人から与えられたものを食べない」「かじったり尾を振ったりして、隣の車に傷をつけない」など、さまざまなトレーニングが必要だけれども（これはすべての"街乗り恐竜"にいえる）、それらの点さえクリアすれば、街中をともに歩き回るのにそれほど支障はあるまい。

　さて、ここでは本種を「サイカニア・クルサネンシス」という名前で紹介したが、学界では別種の可能性も指摘されている。本種の購入を考えている方は、最新の情報にご注意されたい。

209

Deinocheirus mirificus
【デイノケイルス】

白亜紀の陸

分類	爬虫類 恐竜類 竜盤類 獣脚類
産出地	モンゴル
全長	11m

白亜紀
約1億4500万年前〜約6600万年前

正面　側面

　路地からのっそりと大型の恐竜が歩き出た。2階の窓から部屋を覗くことができるほどの高い身長、長い腕、背中は大きく盛りあがる。今にも洗濯物をひっかけてしまいそうなこの恐竜の名前を、デイノケイルス・ミリフィクス（*Deinocheirus mirificus*）という。

　「デイノケイルス」とは、「恐ろしい手」を意味する名前である。その名の通り、2.4mに達する長い腕と手は、この恐竜の大きな特徴の一つだ。1960年代にこの長い腕が発見されてからのち、20世紀の間はほかの部位がみつからなかった。そのため、デイノケイルスはかつて「20世紀最大の謎」ともいわれていた。学術論文によってその姿がようやく明らかになったのは、2014年のことだ。

　11mという値は、ティランノサウルス（248ページ）に迫る巨体である。そんな大型種ではあるが、デイノケイルスは「オルニトミモサウルス類」というグループに分類される。このグループには、212ページのガリミムスや、242ページのオルニトミムスが属する。そもそも「オルニトミモサウルス類」の恐竜たちは、「ダチョウ恐竜」とも呼ばれ、快足をもって知られる。しかし、デイノケイルスは同じオルニトミモサウルス類であっても、「快足」の「か」の字でさえ、思い浮かばないような姿だ。全身が明らかになったことで「最大の謎」の看板は降ろしたものの、いまだ謎の多い恐竜であることには変わりない。こうして街角で出会ったのなら、まずはゆっくりじっくり観察を。幸い、さほど凶暴ではなさそうだ。

211

白亜紀の陸

分類	爬虫類 恐竜類 竜盤類 獣脚類
産出地	モンゴル
全長	6m

白亜紀
約1億4500万年前〜約6600万年前

側面

ツーリングの仲間に恐竜から1種選ぶとすれば、ガリミムス・ブッラタス（*Gallimimus bullatus*）こそがふさわしいだろう。小さな頭、長い首、スラリと長い脚をもつその姿はダチョウによく似ている。実際、ガリミムスは、オルニトミムス（242ページ）などとともに「ダチョウ恐竜」と呼ばれる恐竜の一つで、オルニトミムスとともに「オルニトミモサウルス類」というグループのメンバーでもある。

ガリミムスこそは、「恐竜界最速」と名高い恐竜だ。そもそもオルニトミモサウルス類のメンバーは、210ページで紹介したデイノケイルスをのぞき、快足とされる種が多い。そんな仲間たちのなかで、ガリミムスはデイノケイルスをのぞいて最大級。他の種よりも1回りも2回りも大きい。つまり、1歩の歩幅が広いのだ。

さらに、ガリミムスは足の構造が特殊化している。足の骨に一定の柔軟性があり、衝撃吸収能力が向上している。良質のランニングシューズを履いているようなものだ。

歩幅が広く、足の衝撃吸収能力も高い。故に、ガリミムスこそが最速であるとみられている。ツーリング、とくに山道のようなコースを走るのであれば、バイクとの並走は何の問題もないだろう。

そうそう。ガリミムスの食料は植物なので、一息つくときには、水とともにシダのような柔らかい植物の葉を与えるのを忘れずに。

Therizinosaurus cheloniformis
【テリジノサウルス】

白亜紀の陸

分 類	爬虫類 恐竜類 竜盤類 獣脚類
産出地	モンゴル
全 長	10m

白亜紀
約1億4500万年前〜約6600万年前

正面　側面

「おつかれさま。一休みしてから帰ろうか」
　麦稈ロールづくりを手伝ってくれたのは、テリジノサウルス・チェロニフォルミス（*Therizinosaurus cheloniformis*）だ。
　テリジノサウルスは、小さな頭、細長い首、"メタボ感"ばっちりの胴体という恐竜だ。すべての肉食恐竜が属する獣脚類に分類されるけれども、テリジノサウルスは植物食の恐竜として知られている。ちなみに、「メタボ感ばっちり」とはいっても、実際に「メタボ」であるわけではなく、そこには脂肪ではなく長い腸があったとみられている。つまり、食べた植物を長い時間かけて消化していたようだ。
　そして最大の特徴は、長い腕の先にある、長い爪だ。その長さは恐竜類で随一といえる。ただし、この爪には鋭さがない。しかも直線的。獲物を切り裂くことには向いていないのだ。
　この長い爪が何の役にたっていたのかは定かではない。肉を切り裂くことには向いていないし、そもそもテリジノサウルスは植物食性だ。謎の爪なのである。
　……とはいえ、麦わらを集めるのには役立った。この農場では、時折こうしてテリジノサウルスに作業を手伝ってもらうことにしている。近年、こうして麦稈ロールづくりを中心にテリジノサウルスを導入する農家は増えつつあり、地域によっては複数軒で"共有"する例もある。
　現実世界では残念ながら、いくら麦稈ロールのある光景を探しても、テリジノサウルスに会うことはできない……はずである。

215

Tarbosaurus bataar
【タルボサウルス】

分 類	爬虫類 恐竜類 竜盤類 獣脚類 ティランノサウルス類
産出地	モンゴル
全 長	9.5m

白亜紀
約1億4500万年前〜約6600万年前

側面

正面

白亜紀の陸

　京都名物、鴨川のカップル。間隔をあけて、座り込む恋人たち。微笑ましい光景だ。

　……っと、今日はその背後を1頭の恐竜が歩いている。タルボサウルス・バタール（*Tarbosaurus bataar*）だ。アジアを代表する大型肉食恐竜である。

　恋の語らいに夢中になっている場合ではない？ 急いで逃げなければ？

　いやいや、焦る必要はない。どうやらこの個体、満腹のようで、ヒトを襲う気配はない。川辺の涼しい風を受けながら、食後の軽い散歩を楽しんでいるだけのようだ。

　さて、タルボサウルスは、アジア最大級の肉食恐竜でもある。大きな頭部、2本しか指のない前足など、北アメリカのティランノサウルス・レックス（248ページ）ととてもよく似ており、実際、その近縁種に位置付けられている。

　ただし、ティランノサウルス・レックスと比べると、その全長は2m以上短く、からだの幅も細く、もちろん体重も軽い。ティランノサウルス・レックスよりもひと回り以上小型なのである。

　もっとも、小型であるとはいえ、空腹の個体に遭遇したときは、気をつける必要がある。なにしろ、ティランノサウルス・レックスの近縁種だ。「アジア最強」として知られる存在である。恋の語らいに、あるいは鴨川の水の音に集中しすぎて、タルボサウルスの接近を見逃さないようにしたいところだ。

Nanaimoteuthis hikidai
【ナナイモテウティス】

白亜紀の海

分類	軟体動物 頭足類 タコ類 コウモリダコ類
産出地	日本
全長	2.4m

白亜紀
約1億4500万年前〜約6600万年前

上面　底面
側面

　疲れたからだでホテルにチェックイン。何はなくとも、まずはベッドに横たわりたい。そんな経験、出張の多い皆さまにはよくあるはず。今日のホテルの部屋は、それなりに良い部屋だ。ベッドも大きい。「ゆっくりできるな」と思っていたら……先客がいた。

　ベッドの上で、でろーんと脱力しているのは、ナナイモテウティス・ヒキダイ（*Nanaimoteuthis hikidai*）だ。コウモリダコ類である。……もっとも、一般的に知られるコウモリダコは全長15cmほどであるのに対して、ナナイモテウティスはその16倍という全長の持ち主だ。その存在感はすさまじい。コウモリダコ類だけではなく、タコを含む八腕類（はちわんるい）としてもナナイモテウティスのサイズは別格だ。

　ナナイモテウティスの化石は、ハボロテウティス（186ページ）と同じ地層からみつかった。すなわち、"史実"におけるこの巨大なコウモリダコ類は、ハボロテウティスと同じ時代の北海道（当時は海の底）に生息していたのである。

　もちろんコウモリダコ類も、タコ類も、イカ類と同じ軟体動物。その全身が化石に残ることはめったにない。ナナイモテウティスの場合も、顎（あご）（カラストンビ）だけだった。

　さて、もしもあなたがチェックインした部屋でナナイモテウティスがベッドを占拠していたとしたら……ともに眠るだろうか？　それともやはり、フロントに即電話？

Didymoceras stevensoni
【ディディモケラス】

白亜紀の海

分類	軟体動物 頭足類 アンモナイト類
産出地	アメリカ、フランス
殻の高さ	25cm

白亜紀
約1億4500万年前〜約6600万年前

上面　　　正面　　　側面

たまにはワインを飲もう。

そう思って、ワイン棚を眺めていたら、見慣れぬ……巻貝（？）がいた。

「なんだ、これ？」

思わず手に取ると、ワインボトルが一緒について来た。

「あ、お客さん、ラッキーですね。まだ残っていましたか。それ、ディディモケラス付きのワインです。限定品で、それが最後の1本です」

店員からそう声がかかる……。

ディディモケラス？　疑問が顔に出たのだろう。店員が近づきなら話を続ける。

「アンモナイトですよ。変わった巻貝に見えますが、アンモナイトです」

そんなやりとりがあるとか……ないとか。

ディディモケラス・ステヴェンソニ（*Didymoceras stevensoni*）は、いわゆる「異常巻きアンモナイト」の一つ。とくに上部は巻貝に見えるかもしれないが、アンモナイトと巻貝では、内部構造が異なる。巻貝の場合、軟体部が奥まで詰まっているが、アンモナイトの場合、軟体部は殻口からわずかの部分だけ。その先は、隔壁に隔てられた部屋がいくつも並んでいる。アンモナイトは、その部屋の中の液体量を調整することで、水中で浮力を調整するのだ。

ディディモケラス属にはステヴェンソニ以外にも複数種が存在し、その中には日本にいた種も確認されている。ただし、現実世界では、国内外問わず、ワインにおまけでついてくることはない……はずである。

白亜紀の海

分類	軟体動物 頭足類 アンモナイト類
産出地	日本
殻の高さ	25cm

白亜紀
約1億4500万年前～約6600万年前

正面　　側面

　いわゆる「ペロペロキャンディ」。子どものころは憧れだった。あの大きな飴を、最後までペロペロと舐め尽くすことができたとしたら……。

　そんな"夢"を思い出しそうなアンモナイトがいる。その名も、プラヴィトケラス・シグモイダレ（*Pravitoceras sigmoidale*）。殻の色をそろえてしまえば、これ、この通り。「S」字状になっている最外周は取っ手として持ちやすそうだし、間違えて舐めてしまっても、だれが責めることができようか。いや、だれも責められまい。

　プラヴィトケラスもまた異常巻きアンモナイトの一つ。最初少しだけ塔状に巻いたのち、途中までは正常に巻き、最外周が"異常化"しているという、独特の特徴をもつアンモナイトである。

　ある研究によれば、プラヴィトケラスはディディモケラス（220ページ）のある種が進化したものという。ディディモケラスの上部にある三次元的な部分が平面化し、かつ垂直に立ち上がればプラヴィトケラスになる、というわけである。

　プラヴィトケラスは日本固有のアンモナイトだ。その産地は淡路島などで、北海道のニッポニテスと並んで日本を代表する異常巻きアンモナイトとして知られる。そのため、一部の愛好家は、「北のニッポ、西のプラヴィト」と彼らのことを呼んでいる（ただし、北海道でも最近になって化石がみつかっている）。

　それにしても、ペロペロキャンディ化が似合う種だ。本書を読んでいるお菓子メーカーさん、実現していただけないでしょうか。

223

白亜紀の海（に流されていた）

分 類	爬虫類 恐竜類 鳥盤類 鳥脚類
産出地	日本
全 長	8m

白亜紀
約1億4500万年前〜約6600万年前

正面　　側面

　毎年7月になると、多くの人々がラベンダー畑を訪れる。一面に広がる紫色の絨毯は、壮観の一言に尽きる景色だ。

　今年は、珍客もやってきた。むかわ竜である。全長8m、四足歩行で歩く植物食の恐竜だ。230ページで紹介するエドモントサウルスに近縁とされるが、あちらは北アメリカ、こちらは日本の恐竜だ。

　それにしても、妙にラベンダー畑に似合っている。踏まれないようにさえ気をつければ、さほど危険ではない恐竜なので、この機会に一緒に記念撮影をするのもアリかもしれない。

　"現実世界"のむかわ竜は、北海道むかわ町穂別で2003年に最初の化石（尾の一部）が見つかった恐竜である。その後、2013年の第一次発掘調査、2014年に第二次発掘調査で、多くの部位が掘り出された。2019年には、全身復元骨格が組み立てられた。全身の化石の保存率が約8割という値を誇る。

　「全長8m」という大きなからだで「約8割」という保存率は、日本産の恐竜化石では他に類をみない。世界でもそう多いわけではない。なお、本稿執筆時点では学名はまだ発表されていないため、通称和名で掲載している。この本で唯一の扱いではあるが、やはりそれだけ特別な恐竜といえるからだ。

　なお、その化石は海でできた地層から発見された。当時、この恐竜は何らかの理由によって沖合へと流されてしまったらしい。

白亜紀の海

分類	爬虫類 有鱗類 モササウルス類
産出地	日本
全長	3m

白亜紀
約1億4500万年前〜約6600万年前

上面

正面　側面

　夕焼けをバックにイルカのジャンプ。あなたはシャッターチャンスを逃さずに撮影できただろうか。こんなに「絵になる」シーンはそうそうない。
　さて、撮影できたのなら、その画像を改めて確認してみよう。よく見ると、イルカと一緒に、ちょっと変わった動物が跳んでいることに気づかれるだろう。この動物は、フォスフォロサウルス・ポンペテレガンス（*Phosphorosaurus ponpetelegans*）という。「ポンペテレガンス」なんて、なんとも覚えにくいと思うかもしれないが、これは北海道で化石がみつかっている"証拠"だ。アイヌ語で「清流」を意味し、また化石の発見地である「穂別（ほべつ）」の語源である「ポンペッ」にもちなんでいる。そんなアイヌ語由来の名前をもつこの動物は、モササウルス類だ。
　"史実"におけるモササウルス類は、白亜紀の海に君臨した大型の海棲爬虫類として知られ、そのイメージは全長15m級のモササウルス（238ページ参照）に代表される。しかし、フォスフォロサウルス・ポンペテレガンスはそんな大型種と比べると随分小型である。イルカとさして変わらぬサイズだ。
　フォスフォロサウルス・ポンペテレガンスは夜行性だったと指摘されている。小型種ではあるが、夜行性という（モササウルス類としては珍しい）生態をもつことで、同じ海域に暮らす大型種と棲み分けをしていたのではないか、とみられている。

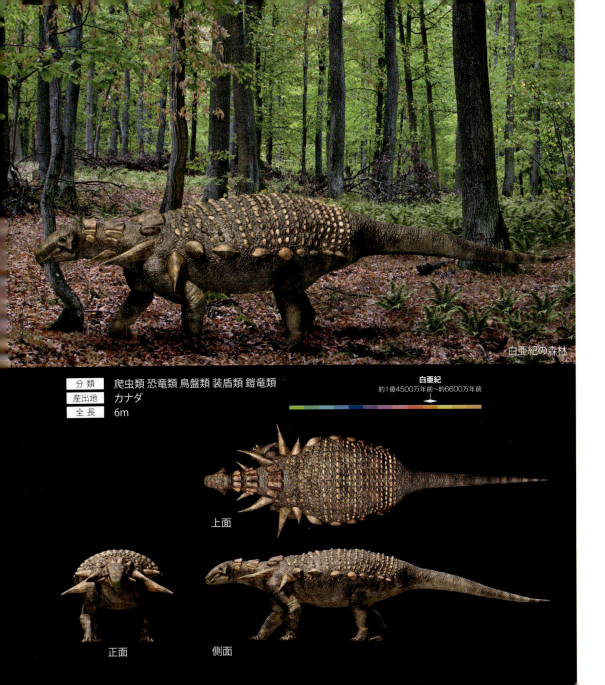

白亜紀の森林

分類	爬虫類 恐竜類 鳥盤類 装盾類 鎧竜類
産出地	カナダ
全長	6m

白亜紀
約1億4500万年前～約6600万年前

上面
正面
側面

「おかげさまで、良い鎧竜に会えましたよ」

「とても良い子ですから、大切にしてあげてくださいね。当店では、アフターサービスも自動車並みに充実していますので、今後ともよろしくお願いします」

父と店員ががっしり握手。今日は、待ちに待った鎧竜の引き渡し日だ。新たな家族を迎えに、一家総出でディーラーへとやってきた。街へ、山へ、川へ。これからこの家族は、エドモントニア・ロンギケプス（Edmontonia longiceps）とともに多くの思い出をつくっていくことになるだろう。昨今は、鎧竜を買わずに、必要なときだけレンタルするという「ダイノ・シェア」サービスが流行っているというが、「ともに思い出をつくる」という意味では、やはり"マイ・鎧竜"をもつことが大切だろう。「一家の一員」だからこそ、愛着もわく。父の、母の、娘の笑顔がそれを物語っている。

エドモントニアの最大の特徴は、肩から伸びる大きな突起だ。この"攻撃的なスタイル"は多くの人に愛されている。ただし、実はこの突起の内部はスカスカで、あまり強度は高くない。

また、軽量であることも特徴の一つ。例えば、240ページで紹介するアンキロサウルスと比較すると、全長は1m小さいだけなのに、体重はアンキロサウルスの半分ほどしかない。

さて、残念ながら、現実世界では、どのディーラーに行っても、生きたエドモントニアの購入はできない……はず。

Edomontosaurus regalis
【エドモントサウルス】

白亜紀の森林

分類	爬虫類 恐竜類 鳥盤類 鳥脚類
産出地	カナダ
全長	9m

白亜紀
約1億4500万年前〜約6600万年前

正面　　側面

　白亜紀のウシ。
　そんな異名をもつ恐竜がいる。エドモントサウルス・レガリス（*Edomontosaurus regalis*）である。
　エドモントサウルスは、白亜紀後期に大繁栄した植物食恐竜である。ティランノサウルスなどの肉食恐竜の良き獲物だったとみられている。
　同じ時代の植物食恐竜であるトリケラトプス（246ページ）のように大きなフリルやツノをもたないし、アンキロサウルス（240ページ）のような"鎧"をもつわけでもない。関係皆様のお叱りを覚悟で書いてしまえば、「これといった特徴のない恐竜」である。
　そんな「これといった特徴のない恐竜」のエドモントサウルスだけれども、冒頭に書いたような異名をもっている。それは、すぐれた"植物食性能"に由来するものだ。
　現在のウシは、硬いイネ科植物をものともせずに、咀嚼することができる。エドモントサウルスはウシと同等の能力をもっていたのではないか、と指摘されている。
　白亜紀のウシが迷い込んだのは、ウシがたくさんいる牧場だった。広大な大地に広がる牧草と呼ばれるイネ科植物。はたして、エドモントサウルスはこの牧草を食べて生き残ることができるだろうか。多くの人々がその行方を見守っている。

Albertosaurus sarcophagus
【アルバートサウルス】

白亜紀の森林

分類	爬虫類 恐竜類 竜盤類 獣脚類 ティランノサウルス類
産出地	カナダ、アメリカ
全長	8m

白亜紀
約1億4500万年前〜約6600万年前

正面　　側面

「どうぞ、こちらへおいでやす」

女将に案内されている恐竜の名前は、アルバートサウルス・サルコファグス（*Albertosaurus sarcophagus*）だ。

まず、注目すべきは、その指だろう。

2本指である。

ん？　2本指の肉食恐竜？　しかもそこそこの大きさはありそうだ。……そう連想された方は鋭い（もっとも、恐竜ファンの皆さんには「何を今さら」と思われていそうだが）。

この恐竜は、かの有名な肉食恐竜ティランノサウルス・レックス（248ページ）の近縁種だ。

もっとも、近縁種とはいっても、ふた回り以上アルバートサウルスの方が小柄である。全長においては4mほど短く、体重においてもアルバートサウルスのそれはティランノサウルスの半分に満たない。つまり、アルバートサウルスは相対的に小柄であり、そしてスリムであるのだ。これほどに体格が異なれば、仮に同地域にティランノサウルスが生息していても、獲物を競合する可能性は少ない。棲み分けがなされていたかもしれない。

……とはいえ、やはり獣脚類としては大型種に入る巨体だ。もちろん、この屋敷にはこうした"大型のお客様"にも対応できるように、耐重量設計がなされている。……そんなことが、恐竜と暮らすためには必要となるだろう。

Beelzebufo ampinga

【ベールゼブフォ】

白亜紀の陸

分類	両生類 カエル類
産出地	マダガスカル
頭胴長	41cm

白亜紀
約1億4500万年前～約6600万年前

上面
正面
側面

　茶室が妙に似合うカエルがいる。落ち着いた表情、どっしりと座るその安定感。そのカエルの名前は、ベールゼブフォ・アムピンガ（*Beelzebufo ampinga*）だ。
　魔王「ベールゼブブ」に由来する名前をもつこのカエルは、頭胴長41cm、体重4.5kgというオオモノである。日本において、一般的に「大きいカエル」といわれるウシガエルの頭胴長が20cm弱だからその2倍以上の大きさ。世界的に「大きい」とされるゴライアスガエルでさえ、頭胴長32cm、体重3.1kgほど。ベールゼブフォがどのくらいの巨体なのかがわかるというもの。ちなみに、ゴライアスガエルは脚をのばした「全長値」は80cmになる。ベールゼブフォの全長値は、推して知るべし、というところだ。
　"史実"におけるベールゼブフォは、「史上最大のカエル」として名高い。白亜紀のマダガスカルに生息し、待ち伏せ型の狩りを得意としていたとみられている。想定される獲物はトカゲなどの小動物。恐竜の幼体も捕食されていた可能性が指摘されている。
　しかし、女性の隣にどっしりと座るこのベールゼブフォは、いったい何が目的なのだろうか。まさか、茶を飲むつもりなのか。それとも、茶菓子を食べたいのか。あまりにも違和感なく溶け込んでいるので、つい茶碗を回してしまいそうになる。そのときは、どうやって茶碗をもつのだろう？
　作法云々は別としても、その光景を見てみたい気はする。

235

Quetzalcoatlus northropi
【ケツァルコアトルス】

白亜紀の海岸付近

分類	爬虫類 翼竜類
産出地	アメリカ
翼開長	10m

白亜紀
約1億4500万年前〜約6600万年前

側面　　　上面

もしも、……もしもバスケットボールの試合の相手が超大型翼竜だったら、どのようにプレイすべきか。その巨体の割にはすばやく、首が長い……つまり"リーチ"が長い。たいていのシュートは、頭ではたき落とされてしまう。大きな飛膜でボールを隠されたら、さあ、どのようにボールを取りに行くべきか。

そんなシチュエーションを想定してトレーニングするために、この中学校では実際にケツァルコアトルス・ノルスロピ（*Quetzalcoatlus northropi*）をコーチとして呼んでいる。はたして彼のアドバイスは、生徒たちの技術向上に役立つだろうか。

ケツァルコアトルスは、超大型翼竜が多く属するアズダルコ類の主要メンバーであり、「史上最大級の翼竜」の一つとして名高い。

しかし、ケツァルコアトルスの生態に関しては謎が多いとされる。たとえば、その飛行能力だ。ケツァルコアトルスとその近縁の超大型種は、飛行できたという見方と、飛行できなかったという見方がある。

後者の場合、超大型種はすばやく地上を歩き、恐竜の幼体を含む小動物を襲っていたとみなされている。地上の生態系における「中型サイズの捕食者」として活動していたのではないか、というわけだ。

ちなみに、ケツァルコアトルスはアステカ神話の神「ケツァルコアトル」にちなむ名前だが、化石の産地はメキシコではないので注意。

白亜紀の海

分類	爬虫類 有鱗類 モササウルス類
産出地	オランダ、ポーランド、アメリカほか
全長	15m

白亜紀 約1億4500万年前〜約6600万年前

上面
正面　側面

　世界は広い。ある地域では、モササウルス・ホッフマニ（*Mosasaurus hoffmanni*）を飼育し、舟の代わりに使って、漁に出るという。かつてのヨーロッパで「怪獣」と呼ばれていたこの動物は、この地域では生活に欠かせない"相棒"として重宝されているのだ。

　モササウルス・ホッフマニは、モササウルス類に属する種で、そしてこのグループの代表的な存在。頭部だけでも、長さ1.6mに達したという大型種である。全長15mというその大きさは、モササウルス類において最大といわれる。

　"史実"におけるモササウルス・ホッフマニは、「最後に出現したモササウルス類」でもある。白亜紀の半ばにあたる約1億年前に出現したモササウルス類は、多様化と大型化の道を突き進み、海洋の生態ピラミッドを昇ってきた。そうしてたどり着いた最後の種にして最大の種が、モササウルス・ホッフマニである。ちなみに、最初に報告されたモササウルス類でもある。

　モササウルス・ホッフマニの出現からほどなくして、白亜紀末の大量絶滅事件が勃発。すべてのモササウルス類は、地球から姿を消すことになる。歴史の「if（もしも）」として、「もしも白亜紀末の大量絶滅事件がなかったとしたら」、その場合には、より大きなモササウルス類が出現していたかもしれない。

　そんなわけで、現実世界ではモササウルス類はすでに絶滅している。残念ながら、こうして背中に乗ることは、世界のどこでも不可能に違いない……はず。

分類	爬虫類 恐竜類 鳥盤類 装盾類 鎧竜類
産出地	アメリカ
全 長	7m

白亜紀
約1億4500万年前～約6600万年前

上面

側面

正面

白亜紀の森林

「鎧竜類」といえば！

　背に骨でできた"装甲板"を並べ、幅の広いからだに短い四肢。サイズの割に体重は重く、低重心で安定している。そのがっしりとした姿は、現代の戦車のようだ。

　アンキロサウルス・マグニヴェントリス（*Ankylosaurus magniventris*）は、まさにそんな鎧竜類の代表格。その化石は、ティラノサウルス（248ページ参照）や、トリケラトプス（246ページ参照）などの化石と同じ地層から見つかるため、こうした"著名な恐竜たち"の一つとしてあわせて覚えているという方も少なくないだろう。

　それにしても……いくら「戦車のようだ」といっても、演習場に紛れ込むのはやりすぎだ。いったいどこからやってきたのだろう？

　たしかに、アンキロサウルスはなかなかの"防御性能"と"攻撃用武器"をもっている。

　背中の装甲板は特別仕様。現代の防弾チョッキのようなつくりになっており、軽量でありながらも強度が高かった。つまり、防御用のつくりとして期待できる。そして、尾の先の骨のこぶも忘れてはいけない。これは、攻撃用として役にたったのかもしれない。

　……とはいえ、骨製の装甲板が戦車の放つ砲弾に耐えられたとは思えないし、こぶが戦車の装甲板を砕けるとは思えない。自身のためにも、早めに演習場から退去してほしいものだ。

白亜紀の陸

分類	恐竜類 竜盤類 獣脚類
産出地	アメリカ
全長	4.8m

白亜紀
約1億4500万年前〜約6600万年前

正面　　　側面

「ねえ、お母さん。ダチョウの中に何か変わった動物がいるよ!」

ダチョウ牧場に連れてきた娘が気づいたようだ。さて、あなたはどうだろう？　ダチョウの中に"何か変わった動物"がいることにお気づきだろうか？

前列に5羽のダチョウ。その後ろにいるのは……ダチョウにしては、少し大きい。小さな頭、長い首、スラリと長い脚はダチョウとよく似ているけれど……長い尾がある。

ダチョウたちの中に紛れ込むこの動物は、オルニトミムス・ヴェロックス（*Ornithomimus velox*）だ。「獣脚類」というグループに属する恐竜である。

ダチョウと間違えてしまうのも、まあ、無理はないといえば、無理はない。ダチョウとオルニトミムスに祖先・子孫の関係があるわけではないけれども、オルニトミムスはその姿から「ダチョウ恐竜」とも呼ばれている存在なのだ。オルニトミムスとその近縁種は、獣脚類の中でも「オルニトミモサウルス類」というグループをつくる。このグループの恐竜たちは、基本的にダチョウによく似ており、そして、ダチョウのように足は速いとみられている。

ちなみに、オルニトミムスは飛ばないにも関わらず、翼をもっている。ダチョウたちの隙間から見える赤い羽根がそれだ。この翼は、成体だけがもつもの。つまり、この動物はどうやらオトナらしい。

243

分類	爬虫類 恐竜類 鳥盤類 周飾頭類 堅頭竜類
産出地	アメリカ
全長	4.5m

白亜紀
約1億4500万年前～約6600万年前

側面

正面

白亜紀の森林

「やばい。電車に間に合うかな」
　足早に改札口へ。そんな経験、サラリーマンなら1度はあるはず。
　……そう「1度はあるはず」。頭の中は、「遅れたらどうしよう」ということでメモリが満杯。つい前方への注意がおろそかになってしまう。ともすれば、前方を歩く人にぶつかりそうになってしまう。そんな経験、1度はあるはず。
　"恐竜がともにいる世界"では、恐竜たちだって、そんな経験をしているかもしれない。パキケファロサウルス・ワイオミングエンシス（Pachycephalosaurus wyomingensis）は、全長4.5m。腰の高さは1.6m前後。十分、電車に乗ることができるサイズだ。そんな恐竜が前方不注意で走ってきたとしたら……さすがにちょっと危険である。
　なにしろこのパキケファロサウルスは、「石頭恐竜」「頭突き恐竜」として名高い存在。本当に頭突きができたかどうか、頭突きをしていたとして、勢いをつけていたのかどうかなどさまざまな議論があるところだけれど、ヒトにダメージを負わせるには十分硬い頭（もちろん物理的な意味で）の持ち主だ。
　「石頭恐竜」として知られる本種。"史実"においては、ティランノサウルス（248ページ）、トリケラトプス（246ページ）、アンキロサウルス（240ページ）などと同時代同地域で暮らしていた。これらの"有名人"の中では、本種は最も小柄である。他の種はちょっと電車に乗るのは難しい。

245

Triceratops prorsus
【トリケラトプス】

白亜紀の森林

分類	爬虫類 恐竜類 鳥盤類 周飾頭類 角竜類
産出地	アメリカ、カナダ
全長	8m

白亜紀
約1億4500万年前〜約6600万年前

正面　　側面

「よーし、お前ら。みんな、いるな？　よく食べて大きくなれよ。ああ、お前はもうちょっと待て。ちゃんと順番を待つんだ」

ある牧場の光景だ。ここでは、ウシとともに、トリケラトプス・プロルスス（*Triceratops prorsus*）を飼育している。

この牧場の方針は、よく食べさせ、大きく育てること。この飼育方針のもとに育ったトリケラトプスは、なんと全長8m、体重9t！　体重に注目すると、実にウシ15頭分以上に相当する大きさである。

幸い、おとなしく躾けられており、暴れる心配はほとんどない。ウシたちの食事が終わった後に用意される自分用の飼料をこうして待っている。

"史実"におけるトリケラトプスは、白亜紀の最末期に登場した植物食の恐竜である。同時代を生きていた肉食恐竜の筆頭には、ティランノサウルス（248ページ）がいる。こうしてウシと並べると大きく見えるトリケラトプスだけれども、ティランノサウルスと並べるとそうでもない。現代では想像しがたい、巨体どうしの争いが当時はあったわけだ。

トリケラトプスは、角竜類（つのりゅうるい）と呼ばれるグループの代表でもある。……代表であり、最後に出現した種類であり、最大の種類でもあった。この本では、同じ角竜類として、より原始的なプロトケラトプス（194ページ）を収録しているので、ぜひ比べてほしい。

247

分 類	爬虫類 恐竜類 竜盤類 獣脚類 ティランノサウルス類
産出地	アメリカ、カナダ
全 長	12m

白亜紀
約1億4500万年前～約6600万年前

側面

正面

白亜紀の森林

極東のある都市で、恐竜たちが放し飼いにされるようになって久しい。観光客誘致の起爆剤に、と始めたこの試み。その目玉は、よく躾けられたティランノサウルス・レックス（*Tyrannosaurus rex*）を毎日決まった時刻に放つというものだ。ティランノサウルスは、歩行者たちに混じって街中を悠然と歩き、そして1時間ほどで自分の"家"へと戻る。

当初、世界中のメディアが注目し、最盛期には、複数ある最寄り駅の改札口で出場人数の調整まで行われたイベントだったが……世の人々の関心は移ろうもの。恐竜のいる光景が当たり前のものとなってしまえば、この通り。ティランノサウルスを見たり、撮影したりするために立ち止まる人もほとんどおらず、ティランノサウルス自身も自然に人々の中に溶け込んでいる。

さて、"史実"においては、ティランノサウルスは中生代白亜紀の末期に出現した肉食恐竜だ。全長12mというその値は、「最大の肉食恐竜」ではないけれど「最大級の肉食恐竜」である。

長さ1.5m以上、幅60cm以上、高さ1m以上という巨大な頭部がトレードマークで、そのがっしりとした顎が生み出すかむ力は、古今東西の陸上動物の中で突出していた。

現実においては、ティランノサウルスが現代の街を闊歩することなどあり得ないはずだが、ナニカノマチガイでこんな事態が生じたら、悠長と隣を歩かずに、とにかく逃げることだ。ティランノサウルスと同じ空間にいることなんて、トラと同じ空間にいるよりも危険である。

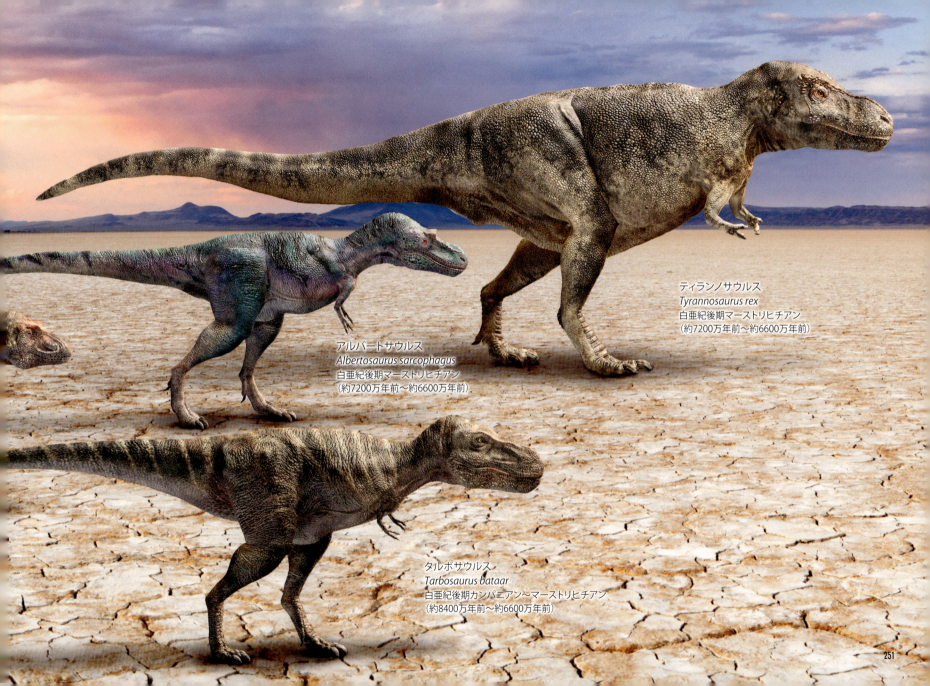

ティランノサウルス
Tyrannosaurus rex
白亜紀後期マーストリヒチアン
(約7200万年前〜約6600万年前)

アルバートサウルス
Albertosaurus sarcophagus
白亜紀後期マーストリヒチアン
(約7200万年前〜約6600万年前)

タルボサウルス
Tarbosaurus bataar
白亜紀後期カンパニアン〜マーストリヒチアン
(約8400万年前〜約6600万年前)

もっと詳しく知りたい読者のための参考資料

　本書を執筆するにあたり、とくに参考にした主要な文献は次の通り。なお、邦訳があるものに関しては、一般に入手しやすい邦訳版をあげた。また、webサイトに関しては、専門の研究機関もしくは研究者、それに類する組織・個人が運営しているものを参考とした。Webサイトの情報は、あくまでも執筆時点での参考情報であることに注意。

　※本書に登場する年代値は、とくに断りのないかぎり、
International Commission on Stratigraphy, 2018/08, INTERNATIONAL STRATIGRAPHIC CHART　を使用している。

《一般書籍》

『海洋生命5億年史』監修：田中源吾，冨田武照，小西卓哉，田中嘉寛，著：土屋 健，2018年刊行，
　　文藝春秋

『三畳紀の生物』監修：群馬県立自然史博物館，著：土屋 健，2015年刊行，技術評論社

『ジュラ紀の生物』監修：群馬県立自然史博物館，著：土屋 健，2015年刊行，技術評論社

『小学館の図鑑 NEO 水の生物』指導・執筆：白山義久，久保寺恒己，久保田 信，齋藤 寛，駒井智幸，
　　長谷川和範，西川輝昭，藤田敏彦，月井雄二，土田真二，加藤哲哉，撮影：松沢陽二，楚山いさむ
　　ほか，2005年刊行，小学館

『生命史図譜』監修：群馬県立自然史博物館，著：土屋 健，2017年刊行，技術評論社

『ティラノサウルスはすごい』監修：小林快次，著：土屋 健，2015年刊行，文藝春秋

『白亜紀の生物 上巻』監修：群馬県立自然史博物館，著：土屋 健，2015年刊行，技術評論社

『白亜紀の生物 下巻』監修：群馬県立自然史博物館，著：土屋 健，2015年刊行，技術評論社

『ワニと恐竜の共存』著：小林快次，2013年刊行，北海道大学出版会

『TRAISSIC LIFE ON LAND』著：Hans-Dieter Sues，Nicholas C. Fraser，2010年刊行，Columbia
　　University Press

《特別展図録》

『恐竜2009 砂漠の軌跡』2009年，幕張メッセ

『地球最古の恐竜展』2010年，NHK

《Webサイト》

Get to Know a Dino: Velociraptor，AMNH，
　　https://www.amnh.org/explore/news-blogs/on-exhibit-posts/get-to-know-a-dino-velociraptor

The oldest turtle in the world discovered in Germany, NATURKNDE MUSEUM STUTTGART,
　　https://www.naturkundemuseum-bw.de/aktuell/nachricht/aelteste-schildkroete-der-welt-
　　deutschland-entdeckt

Yale's legacy in 'Jurassic World', YaleNews,
　　https://news.yale.edu/2015/06/18/yale-s-legacy-jurassic-world

《学術論文》

Adolf Seilacher, Rolf B. Hauff, 2004, Constructional Morphology of Pelagic Crinoids, PALAIOS, 19(1),
　　p3-16

Cajus G. Diedrich, 2013, Review of the Middle Triassic "Sea cow" *PLACODUS GIGAS* (Reptilia) in
　　Pangea's shallow marine macroalgae meadows of Europe, The Triassic System. New Mexico
　　Museum of Natural History and Science, Bulletin 61., p104-131

Chun Li, Nicholas C. Fraser, Olivier Rieppel, Xiao-Chun Wu, 2018, A Triassic stem turtle with an
　　edentulous beak, nature, vol.560, p476-479

Donald M. Henderson, 2018, A buoyancy, balance and stability challenge to the hypothesis of a semi-
　　aquatic *Spinosaurus* Stromer, 1915 (Dinosauria: Theropoda). PeerJ 6:e5409; DOI 10.7717/
　　peerj.5409

Emanuel Tschopp, Octávio Mateus, Roger B.J. Benson, 2015, A specimen-level phylogenetic analysis and
　　taxonomic revision of Diplodocidae (Dinosauria, Sauropoda). PeerJ 3:e857; DOI 10.7717/peerj.857

Espen M. Knutsen, Patrick S. Druckenmiller, Jørn H. Hurum, 2012, A new species of *Pliosaurus*
　　(Sauropterygia: Plesiosauria) from the Middle Volgian of central Spitsbergen, Norway,
　　Norwegian Journal of Geology, vol.92, p235-258

Fernando E. Novas, 1994, New information on the systematics and postcranial skeleton of
　　Herrerasaurus ischigualastensis (Theropoda: Herrerasauridae) from the Ischigualasto Formation
　　(Upper Triassic) of Argentina, Journal of Vertebrate Paleontology, 13:4, 400-423, DOI:10.1080/02
　　724634.1994.10011523

Fiann M. Smithwick, Robert Nicholls, Innes C. Cuthill, Jakob Vinther, 2017, Countershading and
　　Stripes in the Theropod Dinosaur *Sinosauropteryx* Reveal Heterogeneous Habitats in the Early
　　Cretaceous Jehol Biota, Current Biology, vol.27, p1-7

Joan Watson, Susannah J. Lydon, 2004, The bennettitalean trunk genera *Cycadeoidea* and *Monanthesia*
　　in the Purbeck, Wealden and Lower Greensand of southern England: a reassessment,
　　Cretaceous Reserch, vol.25, p1-26

José L. Carballido, Diego Pol, Alejandro Otero, Ignacio A. Cerda, Leonardo Salgado,Alberto C.
　　Garrido, Jahandar Ramezani, Néstor R. Cúneo, Javier M. Krause, 2017, A new giant titanosaur
　　sheds light on body mass evolution among sauropod dinosaurs, Proc. R. Soc. B, 284: 20171219

Josep Fortuny, Jordi Marcé‐Nogué, Lluis Gil, Àngel Galobart, 2012, Skull Mechanics and the
　　Evolutionary Patterns of the Otic Notch Closure in Capitosaurs (Amphibia: Temnospondyli),
　　The Anatomical Record, Vol.295, Issue7, p1134-1146

Jun Liu, Shi-xue Hu, Olivier Rieppel, Da-yong Jiang, Michael J. Benton, Neil P. Kelley, Jonathan C.
Aitchison, Chang-yong Zhou, Wen Wen, Jin-yuan Huang, Tao Xie, Tao Lv, 2014, A gigantic
nothosaur (Reptilia: Sauropterygia) from the Middle Triassic of SW China and its implication for
the Triassic biotic recovery, Sci. Rep.4, 7142; DOI:10.1038/srep07142

Long Cheng, Ryosuke Motani, Da-yong Jiang, Chun-bo Yan, Andrea Tintori, Olivier Rieppel, 2019,
Early Triassic marine reptile representing the oldest record of unusually small eyes in reptiles
indicating non-visual prey detection, Sci. Rep. 9,152

Paul C. Sereno, Hans C. E. Larsson, Christian A. Sidor, Boubé Gado, 2001, The Giant Crocodyliform
Sarcosuchus from the Cretaceous of Africa, Science, vol.294, p1516-1519

Philip J. Currie, Yoichi Azuma, 2005, New specimens, including a growth series, of *Fukuiraptor*
(Dinosauria, Theropoda) from the Lower Cretaceous Kitadani Quarry of Japan, J. Paleont. Soc.
Korea, vol.22, No.1, p173-193

Rainer R. Schoch, 1999, Stuttgart, Comparative osteology of *Mastodonsaurus giganteus* (Jaeger, 1828)
from the Middle Triassic (Lettenkeuper: Longobardian) of Germany (Baden-Württemberg,
Bayern, Thüringen), Stuttgarter Beitr. Naturk. Ser. B Nr. 278 175 pp

Rainer R. Schoch, Hans-Dieter Sues, 2015, A Middle Triassic stem-turtle and the evolution of the turtle
body plan, nature, vol.523, p584-587

Sanghamitra Ray, 2010, *Lystrosaurus* (Therapsida, Dicynodontia) from India: Taxonomy, relative
growth and Cranial dimorphism, Journal of Systematic Palaeontology, 3:2, p203-221

Saradee Sengupta, Martin D. Ezcurra, Saswati Bandyopadhyay, 2017, A new horned and long-necked
herbivorous stem-archosaur from the Middle Triassic of India, Sci. Rep.7, 8366

T. Alexander Dececchi, Hans C.E. Larsson, Michael B. Habib, 2016, The wings before the bird: an
evaluation of flapping-based locomotory hypotheses in bird antecedents, PeerJ, 4:e2159; DOI
10.7717/peerj.2159

Tiago R. Simões, Oksana Vernygora, Ilaria Paparella, Paulina Jimenez-Huidobro, Michael W. Caldwell,
2017, Mosasauroid phylogeny under multiple phylogenetic methods provides new insights on
the evolution of aquatic adaptations in the group, PlosOne, https://doi.org/10.1371/journal.
pone.0176773

Tomasz Sulej, Grzegorz Niedźwiedzki, 2019, An elephant-sized Late Triassic synapsid with erect limbs,
Sciecne, vol.363, Issue6422, p78-80

Torsten M. Scheyer, 2010. New Interpretation of the Postcranial Skeleton and Overall Body Shape
of the Placodont Cyamodus hildegardis Peyer, 1931 (Reptilia, Sauropterygia). Palaeontologia
Electronica Vol. 13, Issue 2; 15A:15p; http://palaeo-electronica.org/2010_2/232/index.html

索 引

【あ】
アーケロン・イスキロス 198-199
アトポデンタトゥス・ユニクス 20-21
アパトサウルス・エクセルスス 110-111
アマルガサウルス・カザウイ 140-141
アリゾナサウルス・バビエティ 22-23
アルカエオプテリクス・リトグラフィカ 116-117
アルバートサウルス・サルコファグス 232-233,251
アロサウルス・フラギリス 114-115
アンキロサウルス・マグニヴェントリス 240-241

【う】
ウインタクリヌス・ソシアリス 178-179,186
ヴェロキラプトル・モンゴリエンシス 192-193,228
ヴォラティコテリウム・アンティクウム 92-93,106
ウタツサウルス・ハタイイ 12-13

【え】
エウディモルフォドン・ランジイ 22,58-59
エウロパサウルス・ホルゲリ 106-107,110
エオドロマエウス・ムルフィ 58-59
エオマイア・スカンソリア 132-133
エオラプトル・ルネンシス 58,60-61
エオリンケリス・シネンシス 46-47
エドモントサウルス・レガリス 230-231
エドモントニア・ロンギケプス 228-229
エレトモルヒピス・カロルドンギ 26-27

【お】
オヴィラウトル・フィロケラトプス 194,196-197
オドントケリス・セミテスタセア 48-49
オフタルモサウルス・イケニクス 84-85
オルニトミムス・ヴェロックス 242-243

【か】
カガナイアス・ハクサネンシス 134-135,148
カストロカウダ・ルトラシミリス 90-91,114
カマラサウルス・レントゥス 112-113
カリミムス・フッフタス 212-213

【き】
キアモダス・ヒルデガルディス 18-19
キカデオイデア 138-139,156
ギガノトサウルス・カロリーニ 166-167
ギラッファティタン・ブランカイ 122-123

【く】
グアンロン・ウカイ 88-89,250
クエネオスクース・ラティッシムス 74-75
クテノチャスマ・エレガンス 120-121
クレトキシリナ・マンテリ 170-171

【け】
ケイチョウサウルス・フイ 20,30-31
ケツァルコアトルス・ノルスロピ 236-237
ゲロットラクス・プルチェリムス 36-37
剣竜類たち 96-99

【こ】
コエロフィシス・バウリ 62-63

【さ】
サイカニア・クルサネンシス 208-209
サウロスクス・ガリレイ 50-51
サルコスクス・インペラトール 136-137

【し】
シノサウロプテリクス・プリマ 142-143
シファクヌス・アウダックス 184-185
シャロヴィプテリクス・ミラビリス 38-39
ショニサウルス・シカンニエンシス 54-55
シリンガサウルス・インディクス 24-25
シンラプトル・ドンイ 102-103

【す】
スクテロサウルス・ローレリ 96-97,98
スケリドサウルス・ハーリソニイ 96-97,98
ステゴサウルス・ステノプス 94-97,99
スピノサウルス・エギプティアクス 168-169

【た】
ダーウィノプテルス・モデュラリス 82-83
タニストロフェウス・ロンゴバルディクス 28-29,34
タラットアルコン・サウロファギス 14-15
タルボサウルス・バタール 216-217,251
タンバティタニス・アミキティアエ 156-157

【ち】
チャンプソサウルス・ナタトール 206-207,232

【つ】
ツバンダクティルス・インペラトール 150-151

【て】
ディディモケラス・ステーヴェンソニ 200,220-221
デイノケイルス・ミリフィクス 210-211
デイノスクス・リオグランデンシス 204-205,216
ディノニクス・アンティルホプス 158-159
ディプロドクス・カーネギアイ 126-127
ティランノサウルス・レックス 248-249,251
ティランノサウルス類大集合 250-251
ディロング・パラドクサス 130-131,250
デスマトスクス・スプレンシス 52-53
テリジノサウルス・チェロニフォルミス 214-215

【と】
トゥジャンゴサウルス・ムルティスピヌス 96-97,99
トリアドバトラクス・マッシノティ 10-11,44
トリケラトプス・プロルスス 246-247

【な】
ナジャシュ・リオネグリナ 164-165
ナナイモテウティス・ヒキダイ 218-219

【に】
ニクトサウルス・グラシリス 180-181
ニッポニテス・ミラビリス 176-177,192,234

【の】
ノトサウルス・ギガンテウス 32-33

【は】
パキケファロサウルス・ワイオミングエンシス 204,244-245
パタゴティタン・マヨルム 160-161
パッポケリス・ロシナエ 40-41,46,48
ハボロテウティス・ポセイドン 186-187
パラサウロロフス・ウォーケリ 202-203

【ふ】
ファソラスクス・テナックス 68-69,70
フアヤンゴサウルス・タイバイ 96-97,98,124
フォスフォロサウルス・ポンペテレガンス 226-227
フクイサウルス・テトリエンシス 152-153
フクイラプトル・キタダニエンシス 154-155
フタバサウルス・スズキイ 182-183
プテラノドン・ロンギケプス 190-191
プラヴィトケラス・シグモイダレ 222-223
プラコダス・ギガス 16-17
プラテカルプス・ティンパニティクス 172-173
プリオサウルス・フンケイ 122,124-125
フルイタフォッソル・ウインズチェッフェリ 108-109
フレングエリサウルス・イスキグアランステンシス 66-67
プロガノケリス・クエンステディ 56-57
プロトケラトプス・アンドリューシ 194-195,196
プロトスクス・リチャードソニ 78-79

【へ】
ヘスペロルニス・レガリス 168,188-189
ヘノダス・ケリオプス 44-45
ベールゼブフォ・アムビンガ 176,234-235
ヘルレラサウルス・イスチグアラステンシス 64-65

【ま】
マストドンサウルス・ギガンテウス 42-43
マメンキサウルス・シノカナドルム 104-105

【み】
ミクロラプトル・グイ 144-145

【む】
むかわ竜 224-225

【め】
メトリオリンクス・スペルキリオスス 86-87

【も】
モササウルス・ホッフマニ 238-239
モルガヌコドン・ワトソオニ 80-81,82

【ゆ】
ユーボストリコセラス・ジャポニクム 174-175,192
ユティランヌス・フアリ 146-147,250
ユングイサウルス・リアエ 34-35

【ら】
ライスロナクス・アルゲステス 200-201,250
ランフォリンクス・ムエンステリ 118-119

【り】
リードシクティス・プロブレマティクス 100-101
リストロサウルス・ムッライイ 8-9
リソウイキア・ボジャニ 52,72-73

【れ】
レッセムサウルス・サウロポイデス 70-71
レペノマムス・ギガンティウス 148-149

[A]

Albertosaurus sarcophagus 232–233,251
Allosaurus fragilis 114–115
Amargasaurus cazaui 140–141
Ankylosaurus magniventris 240–241
Apatosaurus excelsus 110–111
Archaeopteryx lithographica 116–117
Archelon ischyros 198–199
Arizonasaurus babbitti 22–23
Atopodentatus unicus 20–21

[B]

Beelzebufo ampinga 176,234–235

[C]

Camarasaurus lentus 112–113
Castorocauda lutrasimilis 90–91,114
Champsosaurus natator 206–207,232
Coelophysis bauri 62–63
Cretoxyrhina mantelli 170–171
Ctenochasma elegans 120–121
Cyamodus hildegardis 18–19
Cycadeoidea 138–139,156

[D]

Darwinopterus modularis 82–83
Deinocheirus mirificus 210–211
Deinonychus antirrhopus 158–159
Deinosuchus riograndensis 204–205,216
Desmatosuchus spurensis 52–53
Didymoceras stevensoni 200,220–221
Dilong paradoxus 130–131,250
Diplodocus carnegii 126–127

[E]

Edmontonia longiceps 228–229
Edmontosaurus regalis 230–231
Eodromaeus murphi 58–59
Eomaia scansoria 132–133
Eoraptor lunensis 58,60–61
Eorhynchochelys sinensis 46–47
Eretmorhipis carrolldongi 26–27
Eubostrychoceras japonicum 174–175,192
Eudimorphodon ranzii 22,58–59
Europasaurus holgeri 106–107,110

[F]

Fasolasuchus tenax 68–69,70
Frenguellisaurus ischigualastensis 66–67
Fruitafossor windscheffeli 108–109
Fukuiraptor kitadaniensis 154–155
Fukuisaurus tetoriensis 152–153
Futabasaurus suzukii 182–183

[G]

Gallimimus bullatus 212–213
Gerrothorax pulcherrimus 36–37
Giganotosaurus carolinii 166–167
Giraffatitan brancai 122–123
Guanlong wucaii 88–89,250

[H]

Haboroteuthis poseidon 186–187
Henodus chelyops 44–45
Herrerasaurus ischigualastensis 64–65
Hesperornis regalis 168,188–189
Huayangosaurus taibaii 96–97,98,124

[K]

Kaganaias hakusanensis 134–135,148
Keichousaurus hui 20,30–31
Kuehneosuchus latissimus 74–75

[L]

Leedsichthys problematicus 100–101
Lessemsaurus sauropoides 70–71
Lisowicia bojani 52,72–73
Lystrosaurus murrayi 8–9
Lythronax argestes 200–201,250

[M]

Mamenchisaurus sinocanadorum 104–105
Mastodonsaurus giganteus 42–43
Metriorhynchus superciliosus 86–87
Microraptor gui 144–145
Morganucodon watsoni 80–81,82
Mosasaurus hoffmanni 238–239
MUKAWA RYU 224–225

[N]

Najash rionegrina 164–165
Nanaimoteuthis hikidai 218–219
Nipponites mirabilis 176–177,192,234
Nothosaurus giganteus 32–33
Nyctosaurus gracilis 180–181

[O]

Odontochelys semitestacea 48–49
Ophthalmosaurus icenicus 84–85
Ornithomimus velox 242–243
Oviraptor philoceratops 194,196–197

[P]

Pachycephalosaurus wyomingensis 204,244–245
Pappochelys rosinae 40–41,46,48
Parasaurolophus walkeri 202–203
Patagotitan mayorum 160–161
Phosphorosaurus ponpetelegans 226–227
Placodus gigas 16–17
Platecarpus tympaniticus 172–173
Pliosaurus funkei 122,124–125
Pravitoceras sigmoidale 222–223
Proganochelys quenstedti 56–57
Protoceratops andrewsi 194–195,196
Protosuchus richardsoni 78–79
Pteranodon longiceps 190–191

[Q]

Quetzalcoatlus northropi 236–237

[R]

Repenomamus giganteus 148–149
Rhamphorhynchus muensteri 118–119

[S]

Saichania chulsanensis 208–209
Sarcosuchus imperator 136–137
Saurosuchus galilei 50–51
Scelidosaurus harrisonii 96–97,98
Scutellosaurus lowleri 96–97,98
Sharovipteryx mirabilis 38–39
Shonisaurus sikanniensis 54–55
Shringasaurus indicus 24–25
Sinosauropteryx prima 142–143
Sinraptor dongi 102–103
Spinosaurus aegyptiacus 168–169
Stegosauria + α 96–99
Stegosaurus stenops 94–97, 99

[T]

Tambatitanis amicitiae 156–157
Tanystropheus longobardicus 28–29,34
Tarbosaurus bataar 216–217,251
Thalattoarchon saurophagis 14–15
Therizinosaurus cheloniformis 214–215
Triadobatrachus massinoti 10–11,44
Triceratops prorsus 246–247

Tuojiangosaurus multispinus 96–97,99
Tupandactylus imperator 150–151
Tyrannosauroidea 250–251
Tyrannosaurus rex 248–249,251

[U]

Uintacrinus socialis 178–179,186
Utatsusaurus hataii 12–13

[V]

Velociraptor mongoliensis 192–193,228
Volaticotherium antiquum 92–93,106

[X]

Xiphactinus audax 184–185

[Y]

Yunguisaurus liae 34–35
Yutyrannus huali 146–147,250

■ **著者紹介**

土屋 健（つちや・けん）

オフィス ジオパレオント代表。サイエンスライター。埼玉県生まれ。金沢大学大学院自然科学研究科で修士号を取得（専門は地質学、古生物学）。その後、科学雑誌『Newton』の編集記者、部長代理を経て独立、現職。本書の前作にあたる『リアルサイズ古生物図鑑 古生代編』で「埼玉県の高校図書館司書が選ぶイチオシ本2018」第1位などを受賞。近著に『恐竜・古生物ビフォーアフター』（イースト・プレス）、『知識ゼロでもハマる 面白くて奇妙な古生物たち』（カンゼン）など。また、2019年8月に技術評論社より『古生物食堂』を刊行予定。

■ **監修団体紹介**

群馬県立自然史博物館（ぐんまけんりつしぜんしはくぶつかん）

世界遺産「富岡製糸場」で知られる群馬県富岡市にあり、地球と生命の歴史、群馬県の豊かな自然を紹介している。1996年開館の「見て・触れて・発見できる」博物館。常設展示「地球の時代」には、全長15mのカマラサウルスの実物骨格やブラキオサウルスの全身骨格、ティランノサウルス実物大ロボット、トリケラトプスの産状復元と全身骨格などの恐竜をはじめ、三葉虫の進化系統樹やウミサソリ、皮膚の印象が残ったヒゲクジラ類化石やヤベオオツノジカの全身骨格などが展示されている。そのほかにも、群馬県の豊かな自然を再現したいくつものジオラマ、ダーウィン直筆の手紙、アウストラロピテクスなど化石人類のジオラマなどが並んでいる。企画展も年に3回開催。

http://www.gmnh.pref.gunma.jp/

背景画像提供者リスト

p.60　オフィス ジオパレオント
p.96　（女性）　服部雅人
p.114　服部雅人
p.148　オフィス ジオパレオント

※上記以外は全てistockの画像を使用しました。

■ 3D生物イラスト・シーン合成　服部雅人
■ 装幀・本文デザイン　　　　　横山明彦（WSB inc.）

古生物のサイズが実感できる！
リアルサイズ古生物図鑑　中生代編

発行日 2019年8月3日　初版　第1刷発行

著　　者　土屋　健
発行者　片岡　巌
発行所　株式会社技術評論社
　　　　東京都新宿区市谷左内町21-13
　　　　電話03-3513-6150　販売促進部
　　　　　　　03-3267-2270　書籍編集部
印刷／製本　大日本印刷株式会社

定価はカバーに表示してあります。

本書の一部または全部を著作権法の定める範囲を超え、無断で複写、複製、転載あるいはファイルに落とすことを禁じます。

© 2019　土屋　健

造本には細心の注意を払っておりますが、万一、乱丁（ページの乱れ）や落丁（ページの抜け）がございましたら、小社販売促進部までお送りください。送料小社負担にてお取り替えいたします。

ISBN978-4-297-10656-0 C3045
Printed in Japan